JN026864

環 境 と 社 会

── 人類が自然と共生していくために ──

博士(工学) 井田 民男
博士(工学) 川村 淳浩【共著】
博士(工学) 杉浦 公彦

コロナ社

まえがき

　著者らの恩師でもある故 大竹一友 教授は，座右の銘であった「脱・常識」を後世の研究者に残した。ここでいう常識とは，人類が研究を積み重ねて継承し，科学で知り得た自然の仕組みのことである。科学とは，「普遍的な真理や法則の発見を目的として，一定の方法に基づいて得られた体系的知識」（『精選版 日本国語大辞典 1巻』（小学館，2005年））のことである。恩師は，この体系的知識につねに疑問をもって自然を見つめる姿勢を説かれていたと著者らは受け止めている。

　ニュートン力学が，相対性理論の発見によって限定的な範囲で成立する力学として認識し直されたように，現在われわれが体系づけて学習している知識も，まだまだ不完全であるかもしれない。この点において，学問を探究するモチベーションが存在するものと考える。

　本書では，化石資源によるエネルギー基盤から科学による新しいエネルギー基盤への変化が，人口増加，食糧自給などの地球規模での課題に応えられるかどうかが焦点となる。この議論をする際には，地球の再生回復可能性や地球の有限性についても言及することを忘れてはならない。科学者達は新しいエネルギー基盤を実現しようと，地上の太陽と称される核融合エネルギー，究極の再生可能エネルギーとなる人工光合成によるバイオマス資源の創生などに不屈の精神で取り組んでいる。

　「環境と社会」の問題点を徹底的に掘り起こすと「科学の発展により人類は自然と共生ができるのか」に尽きる。食物連鎖の頂点に位置する人類が自然と共生する難しさを乗り越えるためには，精神論や宗教的な考えも組み入れる必要性を感じる。

　仏典において説かれる「功徳」と「廻向」の仕組みの考えには，科学的，工

学的な考えとの共通点が存在する。例えば，仏典の教えには，「徳を積む」，「徳を分け合う」などの考えがある。ここでは，「徳」が物質として存在していると考えられている。その物質が「廻向」により移動し，全体として保存されて，また元に戻るのである。すなわち，物質の保存法則とエネルギー保存の法則が成立していることになる。さらに，「輪廻(りんね)」により世代を超えて循環するのである[1][†]。

　そう考えると，長くても300年ほどが化石資源社会だとすると，その化石資源により社会を形成している期間は宇宙の歴史から見れば一瞬であり，化石資源のない時間が全体としては流れている。少なくとも，化石資源を発見するまでは，牛や馬で耕作し，水車で脱穀し，薪を熱源とした自然と共生した暮らしが成立していたことは事実である。したがって，化石資源社会の後には，また自然との完全なる共生が実現するのかもしれない。

　国際連合（United Nations，以下，国連と略記）が掲げる持続可能な開発目標（sustainable development goals，SDGs）の大命題である「誰一人取り残さない」社会の実現は，誰しもが願うことであり，誰しもがその困難さを感じている究極の前提である。その前提を実現するために17の目標が掲げられている。その難しさの本質は，国連難民高等弁務官事務所（The office of the United Nations High Commissioner for Refugees，UNHCR）の弁務官として，世界中の宗教や民族間の対立により生じた難民救済に真正面から取り組んだ，わが国が世界に誇れる「小さな巨人」こと故 緒方貞子先生の著書『共に生きるということ』[2]から学ぶことができる。先生は「歴史を学び，他者を学び，つねに先のことを考える」という教訓とともに，「be humane」（人間らしさに徹底せよ）という思想（哲学）を後世に残し，「100年後のみなさんへ」というメッセージを紡(つむ)いでいる。

　われわれは，よい環境とは何か，よい社会とは何かをつねに振り返りながら（ルックバック），身近な環境の変化から地球規模（気候変動，異常気象など）

[†]　肩付き数字は巻末の引用・参考文献の番号を表す。

の変化まで，あらゆる業界，分野や領域において，その本質を見極め，興味を
もって知ることが重要である。

　未来社会は，新しいエネルギーを基盤とする「環境」と「経済」のバランス
をいかにとるかにかかっているといっても過言ではない。われわれはその両立
の難しさを，Covid-19（新型コロナウイルス感染症）の悲痛な経験を通して学
んでいるはずである。緒方先生は，「100年後のみなさんへ」のメッセージを
「他を引っ張っていける立派な人々と，国であってほしいと思っております」
と結んでいる。

　学ぶことのモチベーションをしっかりもち，多くの知識と正しい判断ができ
る能力を身につけられることを切に願う。

　本書は，全学部全学科の共通教養として，科学技術，公共哲学，環境倫理な
ど幅広く大学・高専で学び始める自然との共生を実現するための素養の礎を身
につけることを念頭に書かれている。特に，著作の機会となった近畿大学オン
デマンド講義の関係機関・関係者に敬意を表する。また，コロナ社には本書の
出版にあたり，その意義をご理解頂き，懇切丁寧に校正等を行って頂きました
こと，ここに深く感謝申し上げる。

　2022年2月

著　者

〔執筆分担〕

井田　民男：　下記以外

川村　淳浩：　2.2節，5.1節，5.3節，11.3節，14章

杉浦　公彦：　4章，13章

目　　　　次

1．環境と社会の目指すところ

2．環境と社会の問題点

3．地球システム

4．自然に影響を及ぼしている環境問題と社会

5．生体に影響を及ぼしている環境問題と社会

6．地球環境保全に向けた環境と社会

7．エネルギー資源を取り巻く環境と社会

8. 技術開発を取り巻く環境と社会

9. 環境倫理と技術開発

10. 共生の生態学

11. 環境保全に向けた社会の在り方

12．廃棄物の資源化による持続可能な社会形成に向けて

13．水素エネルギーによる持続可能な社会形成に向けて

14．農業による持続可能な社会形成に向けて

15．バイオエネルギーによる持続可能な社会形成に向けて

1. 環境と社会の目指すところ

　地球上において生物は，環境からの影響を受けながら，たがいの相互作用の中で生命活動を営んでいる。この生態系の中にあって，近年，人間社会の活動が環境に悪影響を及ぼしていることが地球規模の異常な現象として顕在化している。大気・土壌・水質汚染の問題，衣食住や社会環境の変化などが動植物の生命，健康に影響を与えていることはほぼ間違いない。さらに産業の発展やわれわれの生活環境の変化は，進行し続ける地球温暖化に確実に影響を与えている。このような危機的な状況に鑑み，2015 年には各国の政府が合意のうえで，国連の持続可能な開発目標（sustainable development goals，SDGs）として表 1.1 および図 1.1 に示す 17 の目標（ゴール）を掲げ，2030 年の目標達成に向けて動き出している[1]†。

　本章では，これら多岐にわたる環境と社会の問題を取り上げる。最近の社会の変化が環境にどのように影響を与えているのかをサイエンスとしての幅広い視野から学び，持続可能な社会形成に向けた取組みの在り方や問題意識を知ったうえで，それらの解決策を考える。

 ## 1.1　環境と社会の目指すところ

　本節では，地球環境の成り立ちや生態系の基礎知識を学びつつ，人間活動がもたらした環境問題について学習し，人が生み出した科学技術が社会や環境に及ぼした影響を理解しつつ，将来に向けて問題意識をもち，サイエンスの視点から解決策を導くための基盤を作ることを目標としている。さらに，人の健

---

† 　肩付き数字は巻末の引用・参考文献の番号を表す。

表 1.1 SDGs の 17 の目標

番　号	目　標
1	貧困をなくそう
2	飢餓をゼロに
3	すべての人に健康と福祉を
4	質の高い教育をみんなに
5	ジェンダー平等を実現しよう
6	安全な水とトイレを世界中に
7	エネルギーをみんなに　そしてクリーンに
8	働きがいも　経済成長も
9	産業と技術革新の基盤をつくろう
10	人や国の不平等をなくそう
11	住み続けられるまちづくりを
12	つくる責任　つかう責任
13	気候変動に具体的な対策を
14	海の豊かさを守ろう
15	陸の豊かさも守ろう
16	平和と公正をすべての人に
17	パートナーシップで目標を達成しよう

図 1.1 SDGs の 17 の目標（ロゴ）

康，生命の尊さを重んじ，サイエンスの視点から環境問題の原因と現状について理解を深め，将来に向けて問題意識をもって解決策を提案・発信できるようになることを目指す。

以下にサイエンスにおける環境と社会の目指すところを整理する。

① 地球規模の環境課題として，大気汚染・土壌汚染，水質汚濁，化学物質の影響，さらに，近年顕在化してきたプラスチックごみの海洋生物への影響などの問題を把握し，地球温暖化に伴う気候変動対策の現状や世界の取組みについてその考え方を学ぶ。

② 人を取り巻く社会環境の問題として，都市への人口の集中，劣悪な職場環境，危険薬物の使用，衣食住の変化などにより発生する健康問題や，その改善の取組みの現状について理解する。

③ 日常生活の中で耳にする機会の多い環境問題の概要を正しく理解し，自分なりの「持続可能な社会」に対する考えをもつ。

人の活動と環境の関わりを理解し，地球上のあらゆる動植物の生存のために，地球規模から人を取り巻く身近な環境まで多種多様な環境問題について学ぶ。さらに，指標であるSDGsを達成し，世界中の環境問題の情報を共有してそれらの改善に取り組む姿勢を養うため，ニュースや新聞などで報じられる最新情報についてその原因や科学的な解決策を考えながら，読んだり聞いたりしつつ学習を進めていく。また，この分野は，資源とエネルギー，技術者倫理，さらに法工学と大きく関わっているので，それらとの関連性も含めて学習することを推奨する。

なお，本書では表1.1，図1.1に示したSDGsの17の目標のうち，おもにNo.2，4，7，8，9，11，12，13，14，15，16，17の成長目標の達成に関与している。

まず，持続可能な再生可能エネルギーを基盤とする環境と社会の在り方について考えてみよう。例えば，2200年以降の世界のエネルギー状況を考えると，化石資源はほぼ枯渇していると思われる。その頃にはどのようなエネルギー社会が訪れているだろうか。太陽エネルギーを起源とする地球システムから取り

温度差エネルギー

図 1.2 地球システムを利用した再生可能エネルギーのイメージ図（解答は図 1.5）

出した再生可能エネルギーを用いた社会であることは間違いなさそうである。**図 1.2** に地球システムを利用した再生可能エネルギーのイメージを示す。

太陽エネルギーを起源とする地球システムからエネルギーを取り出すには，直接的な転換技術と間接的な転換技術が必要である。代表的な再生可能エネルギーの転換について考えると，まず風力エネルギーは，地球表面での温度差による空気の密度や気圧の変化によって生じる風から，つぎのようなエネルギー転換システムを用いて取り出される。

風が吹く ⇒ 運動エネルギーが発生 ⇒ 圧力差あるいは抵抗現象を利用して力へと転換 ⇒ 回転運動エネルギーに転換 ⇒ 電磁力を利用したフレミングの法則（Fleming's rule）により起電流を発生 ⇒ 電気エネルギーに転換

また，水力エネルギーでは，「太陽エネルギーにより水は水蒸気となって上昇して位置エネルギーを得，さらに風により移動し，気温や気圧による凝縮現象で雨へと相変化し，その後再び太陽エネルギーによって水蒸気に戻る」という循環システムを利用して取り出されている。

雨が降る ⇒ 雨水が溜まって川へ流れる ⇒ 位置エネルギー（ダム発電）あるいは運動エネルギー（流水発電）が発生 ⇒ 回転運動エネルギーに転換 ⇒ 電磁力を利用したフレミングの法則により起電流を発生 ⇒ 電気エネルギー

に転換

このように，太陽エネルギーを起源とする再生可能エネルギーのほとんどが電気エネルギーを取り出す仕組みによって得られている。ただし，利用できる太陽エネルギーは地球の自転や公転および月の引力などの影響を受ける。一方，太陽熱を利用した仕組みも技術開発がなされているものの，太陽光集光および蓄熱エネルギー技術にまだ課題があり，有効活用への活路を見出せていない現状である。

加えて，生合成を介して太陽エネルギーを間接的に利用する再生可能エネルギーとして，**バイオエネルギー**（bioenergy）がある。

植物が空気中の二酸化炭素を取り込む ⇒ 生合成により水と反応させ**バイオマス**（biomass）を生成 ⇒ バイオマスを直接燃焼あるいは生化学転換する ⇒ 燃焼あるいは爆発現象が発生 ⇒ 回転運動エネルギーに転換 ⇒ 電磁力を利用したフレミングの法則により起電流や熱・動力源が発生 ⇒ 電気エネルギーや熱エネルギーに転換

このようにバイオエネルギーは，地球システムにおける炭素循環を利用しているため，バイオマスの生成において，自然と炭素備蓄が介在することになる。

> ┌─**ルックバック**─────────────────────────┐
> 持続可能な再生可能エネルギーを基盤とする環境と社会の在り方について，自問自答しながら考えてみよう。
> └──────────────────────────────────┘

  ## 1.2　SDGsの目指すところ

つぎに，世界的な取組みである「持続可能な開発目標SDGs」を規範として，それらの現状の理解と改善に向けた科学の在り方を幅広い視野で考える。

貧困と格差による連鎖を象徴する，途上国における BOP（bottom of the pyramid）[†] 層の分布を**図 1.3**に示す[2]。このピラミッドは，年間所得水準をも

---

† BOP：経済ピラミッドの底を意味する。おもに途上国における経済的貧困層を指す。

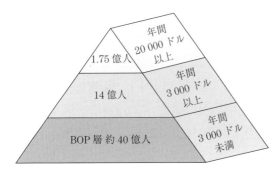

図 1.3 年間所得に基づく途上国におけるBOP層の分布

とに3層に分類されている。特に，年間所得3 000ドル以下の貧困層（BOP層）に属する人が，世界人口の約72 % にあたる約40億人もいると推定される点が今後のエネルギー消費において重要なポイントとなる。この層の年間所得の合計は，わが国の実質国内総生産（gross domestic product, GDP）にあたる約5兆ドルに相当し，その格差を計り知ることができる。また，現在約40億人のBOP層だが，将来的にはその多くが中間所得層に移行すると予測される。2050年までには全世界人口の約85% を占める最大人口ゾーンになり，所得の増加に伴う経済活動に連動してエネルギー消費が増加することから，化石資源枯渇に向かうエネルギー危機を加速させる可能性がある。

　一方，ASEAN（Association South East Asian Nations, 東南アジア諸国連合）諸国の現状を見ると，東南アジア・ASEANの総人口は6億人超（約5億人の人口を抱える欧州連合（Europian Union, EU）に匹敵，米国の約3億人より多い）である。2020年には，ASEAN諸国のGDPは約3兆ドル（日本のGDPの約60%）に達し，いまなお増加し続けている。しかし，ASEANの総人口の約60% にあたる約3.6億人がBOP層に属しており，貧困にあえいでいる。

　このような状況の下，1972年に国連人間環境会議（ストックホルム会議）が113か国により幕を開けた。さらに，1987年にはブルントラント報告（原題 "Our Common Future"，邦題『地球の未来を守るために』）により「持続可能な開発」の概念が提示され，環境保全と開発との関係について「将来世代のニーズを損なうことなく現在の世代のニーズを満たすこと」という「持続可能

な開発」の概念が打ち出された。この概念は，それからの地球環境保全における重要な道標（みちしるべ）となった[3]。

その後，持続可能な開発が環境問題と連動されず，多くの課題が浮き彫りとなったため，「持続可能な開発」の概念は，続く 1992 年の国連環境開発会議（地球サミット）におけるほぼすべての国（170 か国超）が参加したハイレベルな議論の展開に継承された。さらに，2000 年にはミレニアム開発目標（millennium development goals，MDGs）として八つの目標と 21 のターゲットが宣言されたが，これらは妥協の産物と批判された。特に，「目標 7：環境の持続可能性の確保」ではエネルギー問題に言及されておらず，問題の難しさを垣間見ることができる[4]。

ここで，MDGs を規範として宣言された，未来の世界の骨格を導く SDGs の仕組みについて考える。SDGs では，経済的，社会的，環境的な負債を未来に残さず，持続的に成長し総合力のある成長目標を掲げている。この成長目標の特徴は，いままでの失敗の糧から具体的な数値目標を設定せず，すべての国が協調できるアジェンダ（議事予定，協議事項）として記されており，≪仕組み≫，≪測る≫，≪総合性≫の三つの仕組みによって達成されている[5]。

● 仕組み：　SDGs には細かな仕組みが設定されておらず，目標とターゲットが設定されているのみである。これは，これまでの宣言を省み，多国間の交渉は法制度の調和を図るものであり，強制するものではないとの立場によるものである。

● 測　る：　SDGs の進捗を測定し評価するための指標は，国連統計委員会において専門グループが担当し，できるだけ政治的な考慮を排除して，可能な限り機械的な指標設定を行っている。特に，「質」を測定することには注意を払っており，その意味は「誰一人取り残されない」という考えのもと，統計データに実態が反映されるかどうか，実社会を見誤っていないかをつねに検証しながら進めることである。

● 総合性：　SDGs では文化の多様性や振興などに触れてはいるが，文化そのものについては含まれていない。例えば，生活の質や心の豊かさを向

上させるには芸術も重要なはずだが，SDGs では言及されていない。一方で経済，社会，環境面かつ政治的に合意する可能性のある側面はほぼ含まれており，それによって「未来の形」を指し示している。

これらの仕組みの下，包括的な目標，すなわち「未来の形」として 17 の目標と 169 のターゲットを設定していることが SDGs の特徴である。このうち，目標 7 を以下に原文で引用する。

Goal 7: Affordable and clean energy

Between 2000 and 2018, the number of people with electricity increased from 78 to 90 percent, and the numbers without electricity dipped to 789 million.

Yet as the population continues to grow, so will the demand for cheap energy, and an economy reliant on fossil fuels is creating drastic changes to our climate.

Investing in solar, wind and thermal power, improving energy productivity, and ensuring energy for all is vital if we are to achieve SDG 7 by 2030.

<u>Expanding infrastructure and upgrading technology to provide clean and more efficient energy in all countries will encourage growth and help the environment.</u>

特に下線部では，クリーンエネルギーを供給（to provide）するための社会整備の拡張，技術開発の向上が，環境保全につながることを強調している。貧困連鎖と目標 7 の関連について，つねに考察していくことが重要である。

ルックバック

　持続可能な再生可能エネルギーが，SDGs に示された未来の形を作ることにどのように貢献するのかについて考えてみよう。

 # 1.3　科学と文化の目指すところ

本節では科学・文化の始まりについて理解し，持続可能な社会の在り方について，エネルギーの起源と技術開発の公共性について考える。

図 1.4 にエネルギー資源とエネルギー消費量の変遷を示す。エネルギーの

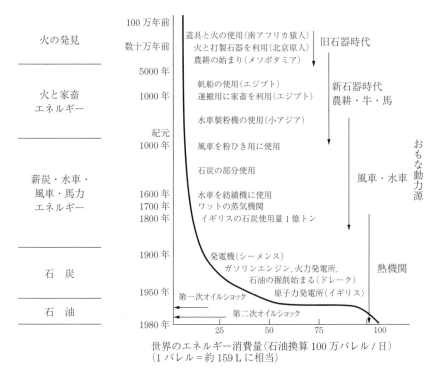

図 1.4 エネルギー資源とエネルギー消費量の変遷〔出典：総合研究開発機構（Nippon Institute for Research Advancement, NIRA〕

歴史は，百万年前頃の火の発見に始まる。その後，家畜や水車，風車など再生可能エネルギーを用いた動力源の時代が始まり，長く 1700 年代の蒸気機関発明まで続いた。そうして訪れた熱機関の時代では石炭資源が多く用いられるようになり，さらに石油資源も加わっていく。図を見ると，特に 1800 年代からエネルギー消費量が大きく増加しており，エネルギー大量消費社会へと移行している様子が理解できる。

つぎに，エネルギー争奪の歴史を紐解く。わが国では，1973 年第一次オイルショック，1978 年第二次オイルショックに見舞われた。この 2 度のオイルショックでわが国はエネルギー政策の見直しを余儀なくされ，転換期を迎え

た。さらに，1986 年の逆オイルショック†に加えて，1990 年にイラクが突如クウェートに侵攻したことをきっかけに湾岸戦争が勃発し，いまなお続くエネルギーの争奪による社会情勢の不安定さが，世界経済の危機的な状態を悪化させ続けている。

　では，このような危機的な状況や化石資源枯渇の危機からのパラダイムシフトを実現するための，地球システムによるおもな再生可能エネルギーを**図 1.5**に示す。なかでも，膨大な資源量を誇る地熱エネルギーと海洋エネルギーは，創生期から存在する太陽と地球との地球システムを作り出している源であり，開発途上の未知のエネルギーである。特に地熱エネルギーは，十分なエネルギーを得るには地下深部（約 2 000 m）に 150℃を超える高温・高圧の蒸気・熱水が貯まる地熱貯留層が形成されていることが必要であるが，気候などの影響を受けない膨大なエネルギー資源として期待されている[6]。

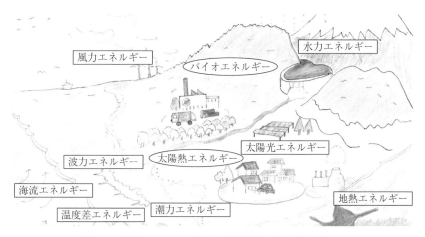

図 1.5　地球システムによるおもな再生可能エネルギー

　いま一度振り返ると，化石資源は，その使用によって地球環境が破壊される，資源を採掘できる場所が偏在しているなど，多くの課題をもっていることが指摘されている。では，再生可能エネルギー技術開発によって，そのような

---

†　逆オイルショック：第二次オイルショックの価格高騰を背景にした政策の駆け引きがきっかけとなり，石油価格が暴落した。

課題をクリアできるのだろうか。以下に再生可能エネルギーにおける一般的な問題を挙げる。

　　・それぞれの人口に見合った量のバイオマス資源が各国に潜在するのか

　　・人口増加に合わせてバイオマス資源を確保できるのか

　　・経済成長に合わせたエネルギーの供給は可能なのか

　これらの問いに対する回答を得るためには，再生可能エネルギーの実現性を根本から見直す必要がある。例えば，森林などの木質系バイオマスを資源とする場合，その成長はゆっくりなため 50 〜 100 年の回復成長期間が必要とされる。では，環境破壊をすることなく再生可能エネルギーを開発することは可能なのか，それらは本当に自然と共存できる技術であるのかについて考察する。**図 1.6** に，地球システムによるおもな再生可能エネルギーと，それらによって発生するおもな環境破壊を示す。

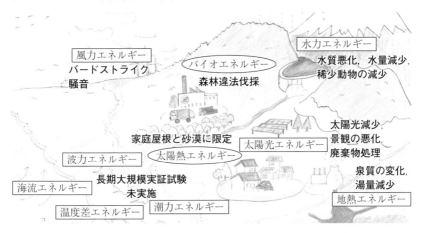

図 1.6　地球システムによるおもな再生可能エネルギーと環境破壊

　風力エネルギーを得るには自然との調和が必要とされるが，現在のところ発電装置のプロペラに鳥類が巻き込まれるバードストライクの問題を解決できていない。特に渡り鳥など，長距離を移動する生態をもつ鳥類への被害は増加する一方である。また，プロペラの風切り音による騒音の問題がある。可聴周波数範囲の騒音による健康被害は解明されていないが，風力発電以外にも新幹線

騒音，空港近辺騒音など騒音による健康への影響が危惧されている⁷⁾。そのほか，水力エネルギーを得ようとすると，ダム建設によって生活地区が水没したり，希少動物に影響が出たり，さらには水質悪化や水量の減少が引き起こされ，大規模な被害へと発展するケースが見られる。

また，バイオエネルギーでは森林の違法伐採などによって資源が維持できなくなるほか，蒸気・熱水を用いる地熱エネルギーでは地場産業に影響を与えるほどの泉質の変化や湯量減少などによって観光資源が保全できないなど，経済活動への影響も懸念されている。

ティータイム

　長編アニメーション映画『もののけ姫』（スタジオジブリ）で砂鉄を溶かして鉄を取り出すというシーンのモデルは，島根県雲南市にある「菅谷たたら山内」だそうである。出雲地方最古の『出雲国風土記』に，奥出雲地方で作られる鉄は硬く，農機具に適しているとの記載があり，約1300年前に，この地で鉄作りと農業の循環が存在していたことが明記されている。この地方の砂鉄とたたら製鉄の技術により純度の高い鉄が生み出された。たたら製鉄は，溶解炉に木炭と砂鉄を何層にも積んで3日間連続で燃焼を続け，砂鉄を溶かして鉧（けら）を作り，その一部を玉鋼にし，農機具や日本刀の材料を作り出す。木炭の原料は，薪材であり，資源が枯渇しないように約30年周期で管理した山々を輪伐する。この循環社会を形成する仕事も後世に溶解技術を残す鉄師の大きな務めだった。このような輪伐は，いまでも土佐備長炭，紀州備長炭などの炭師の仕事に見ることができる。

ルックバック

　再生可能エネルギーの技術開発は本当に「公共性」があるのか，「争奪の理由」にならないかを原点に立ち返りながら考えてみよう。

演 習 問 題

　緯度の高い地方では，積雪が大きな生活の障害となる。この雪氷を利用した再生可能エネルギーを挙げ，その利用や仕組みを説明せよ。

2. 環境と社会の問題点

　エネルギーの安全・安定供給は，食糧・人口・経済の事情と絡み合った複雑な問題を抱えており，特に人口動態がその鍵を握っている。本章では人口動態の問題とエネルギー・環境問題の同時解決を図るため二酸化炭素リサイクルシステム社会，さらには技術の公共性について考える。

 ## 2.1　人口増加とその予測

　エネルギー消費の最大の鍵である人口動態[†]について，国連，世界銀行，世界保健機関（WHO）などがその予測値を公表している。しかし，いずれも各国の統計データを基礎としているため，経済の開発・発展計画，公衆衛生の向上，医療問題の解決など国際的な問題にこのデータを利用するのは難しかった。ちなみに，国連の推計によると，2015 年の世界の人口は 73 億人で，2010年から 2015 年までは年率 1.2％ の人口増加であった。2030 年までに世界の人口は 85 億人に達し，2050 年には 97 億人まで増加するものと予測している。

　スウェーデンのハンス・ロスリング（Hans Rosling）教授は，新しい統計手法とソフトウェア，および国連統計局のオープンデータベースを用いて 2006年に「最高の統計」[1]，2007 年に「貧困に対する新たな洞察」[2] の二つの講演を行い，統計データに基づく人口抑制の要因について言及した。それらの統計データの相関傾向を**図 2.1** に示す。

---

　†　人口動態：ある一定期間における人口の変動。

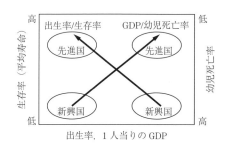

図2.1 出生率／生存率とGDP／幼児死亡率の相関傾向

　図の左側は，出生率および生存率（平均寿命）との相関を示している。1950年時点の世界では，出生率が高く平均寿命が短い国と，出生率が低く平均寿命が長い国の二極化が生じていた。先進国では出生率が1人当り約3人なのに対して平均寿命は約70歳であり，新興国では出生率が1人当り約6.5人なのに対して平均寿命が約40歳であった。この状況は時が経つにつれて徐々に変化していき，負の比例関係に沿って一極化に向かうことになる。2007年頃から，多くの国では出生率1人当り約2人，平均寿命約75歳に到達したが，しかしアフリカ地域の多くの国が取り残されている。

　つぎに，図の右側は1人当りのGDP（国内総生産）と幼児死亡率との相関を示している。この相関は，1人当りのGDPが低いほど幼児死亡率が高く，1人当りのGDPが高いほど幼児死亡率が低い正の比例関係になる。なお，統計データの歴史としては，1820年のオーストラリアとスウェーデンのものが最古のデータであり，「GDP年間約1 000 USドル（以下，ドル）に対して幼児死亡率約200」がデータの起点となっている。その後，経済は比例的に発展し，ついにはGDP約30 000ドルに対して幼児死亡率は約4にまでなった。すなわち，GDPが30倍，幼児死亡率が1/50となるまで経済と医療・公衆衛生が発展したことになる。ちなみにわが国では，GDP約2 310ドルに対し幼児死亡率約176（1921年）から，GDP約30 000ドルに対し幼児死亡率約4（2007年）にまで急成長している。加えて，ロスリングはこれらの時系列データから，アジア，アラブ諸国，米国では経済的な発展よりも先に健康・教育が促進されたため公衆衛生が向上したのに対し，新興国においては社会的利益・社会的進歩

が先行したため国としての経済的な成長が遅れてしまい，結果として先進国に追従するという逆の歴史をたどっていることを指摘している。彼はこれらの確かな統計データから，経済成長をしつつ人口抑制をする鍵として，最初に健康・公衆衛生を促進し，幼児死亡率を抑えて生存率（平均寿命）を向上させた後に GDP を高めていくことが重要であると提唱した。

　なお，これらの講演において先進国と新興国では二酸化炭素排出量が異なると指摘されたことは，未来の社会における新しい指針につながる可能性がある。第 1 章の図 1.4 から，再生可能エネルギーを基盤とする社会では，人口の増加は微増，すなわち自然増加に留まっていることがわかる。化石資源によるエネルギー社会が経済成長を加速し，急激な人口増加が生じたことをつねに心に留めておかねばならない。

ルックバック

　世界の人口動態を，出生率−生存率，GDP−幼児死亡率によって予測できることの意味について考えてみよう。

2.2 化 石 資 源

　石油は，地下資源として採掘される「原油」と，それから作り出されるガソリン，ナフサ，軽油，灯油，重油，そしてアスファルトなどの「石油製品」の総称である。原油は，太古の昔の海底に堆積したプランクトンや海藻などの海洋生物の死がい（有機物）の上に，太古から長い年月をかけて順次砂や泥などの新たな地層が幾重にも重なり，高い圧力と温度やバクテリアの働きによって化学的に変化したものと考えられている。また，その生成速度は数十万 〜 数千万年単位の地質学的な時間であり，条件が整った限られた地層でしか生成されない。しかしながら，現代社会は，その生成速度よりも 5 桁以上大きな速度で消費が進んでいる。石油の大きな特徴の一つが「連産品」という性質である。すなわち，原油からどれか一つだけの石油製品を作ることは不可能で，量

のバランスや品質の違いはあるが，原油からは必ずすべての石油製品が同時にできる。さらに，石油製品は用途面から燃料と原料に大別され，前者はすべての社会的活動で共通に利用され，後者はプラスチックや合成繊維から薬品や肥料まで現代社会を構成するあらゆる分野に及んでいる（**図 2.2**）。とりわけ，ナフサは石油化学工業における基幹物質であり，さまざまな化学合成物質の原料となっている。わが国は，高度成長期の始めから数十年の歳月を経る中で，2 度のオイルショックと幾度かの経済危機を乗り越えてきた。この間，現代社会は石油を原料としたリファイナリー[†]（refinery）を最大効率で最大の経済性に達するように洗練された状態に特化してきた。石油を最大限に利用し尽くすように最適化が進んできたため，ほかの原料に置き換える場合，全システムを入れ替える必要性があり，多くの不都合が出現し利用効率も経済性も同等とはならない懸念が生じる。脱石油には，ほかの化石資源では，発展はおろか現代社会を維持することもできない現実が立ちはだかることになる[3)]。

　石油が一気に世界を支配した背景には，ほかのどんなエネルギーにもない利

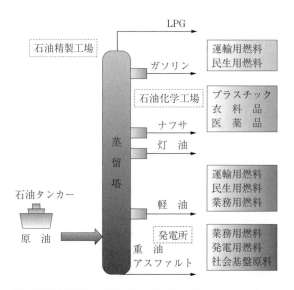

図 2.2　石油製品とリファイナリー

---

†　リファイナリー：精製（所）。原油を留分ごとに抽出して精製すること。またはその装置（設備）のこと。

便性と安全性がある。また石油は，常温常圧におけるエネルギー密度，安定性がほかのどんなエネルギーよりも優れているため，輸送用機器の燃料に最適とされており，小さな機械から大きな機械まで陸海空のすべての用途に利用できる。特に，航空機用途としてはきわめて有用であり，各種の防災・災害作業機器にも最適である。そんな石油と同等な利便性，安全性，エネルギー密度，安定性を再生可能エネルギーで実現させようとするのは大きな挑戦だといえる。もちろん用途によっては，必ずしも石油でなければならないということはなく，気体燃料や固体燃料で代替できる場合も多い。しかし，例えば住宅の暖房に使われていた薪，おが屑，あるいは石炭などは，手や家が汚れ，日常のメンテナンスが欠かせないという欠点があった。これらは，石油の購入費が相対的に安くなると，次第に石油に取って代わられた。

 ## 2.3　二酸化炭素リサイクルシステム

　本節では，人口動態予測の問題とエネルギー・環境問題の同時解決を図る二酸化炭素リサイクルシステム社会，およびそれに関する技術の公共性について学習するとともに，エネルギー・環境問題を同時に解決するためのアイディアと技術開発についても考える。

　二酸化炭素は，その名のとおり炭素（C）と酸素（O）が結合してできた物質である。二酸化炭素に対する相対重量比率は，炭素が27.3重量%，酸素が72.7重量%である。また，大気中には，0.04%（400 ppm）超が含まれており，無色無臭で，常温常圧では気体である。

　生物が呼吸したり物質が燃焼する際には酸素を消費して二酸化炭素を排出しているが，生合成（炭酸同化作用）をする植物や微生物などは大気中の二酸化炭素と水を吸収して太陽のエネルギーを受けながら生育している。そのため，植物や微生物の観点から見れば二酸化炭素も資源として捉えることができる。そして二酸化炭素を資源として生育したバイオマスは，他の生物によって食べられたりあるいは燃やされたりされて再び二酸化炭素となって大気中に放出さ

れる。このようにして，二酸化炭素も地球を循環しているのである。

　さらに，二酸化炭素を積極的に将来の資源として活用することを目的とした研究開発が進められている。二酸化炭素は，おもに工業生産施設や発電所の煙突内などに高濃度で存在しており，これらを分離・回収して地中に貯留するCCS（carbon dioxide capture and storage，二酸化炭素回収・貯留）や，分離・回収・有効利用・貯留を行うCCUS（carbon dioxide capture, utilization and storage）は，大気中の二酸化炭素を削減・有効利用する**カーボンリサイクル**を実現するための重要な手法として研究が進められている[4]。

　以下では，人工的な再生可能エネルギーとなりうる理想的な二酸化炭素エネルギーシステムを考える[5]。**図 2.3** に，人工的な再生可能エネルギーの理想的なエネルギーシステムを示す。このシステムでは，水素（H）を製造する技術と二酸化炭素を回収する技術を用いてメタノール（CH_3OH）を製造している。メタノールは，構成原子が炭素，水素と酸素であり，その燃焼によって水と二酸化炭素が生成されるので，それらを回収して再びメタノールへと転換することで，循環を実現することができる。

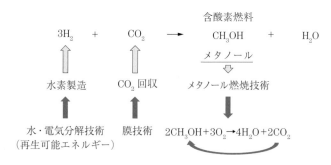

図 2.3　人工的な再生可能エネルギーの理想的なエネルギー
　　　　　システム

　このシステムにおけるエネルギーが再生可能エネルギーとなるためには，システムを動かすエネルギー自体が再生可能でなければならない。特に，水素製造においては水・電気分解技術が適用可能であるが，装置を駆動するための電力供給が再生可能エネルギーによって行われなければならない。

　回収された二酸化炭素からメタノールを製造できれば，化石資源から再生可能エネルギーへと転換が可能となる。例えばメタノールは，常温で液体であるため，比較的取り扱いやすく電力部門や運輸部門での利用が可能である。特に運輸部門では，船舶やトラック，自家用自動車のエンジンなどで利用が可能であり，高オクタン価含酸素燃料の配合により無鉛ガソリンのアンチノック性が向上する。その結果としてエンジンにおける圧縮比が高まって，燃焼効率がよくなるため，エネルギーの有効活用を図ることができる。さらに，メタノールの燃焼では水と二酸化炭素しか生成されないので，排気ガスの低公害化も可能になる。

　このように，二酸化炭素を資源とするエネルギーシステムは理想的であるが，その成立条件（**図 2.4**）には地理的な制限が存在する。まず，水素を製造する技術の候補として太陽光発電が考えられるが，これには太陽光が十分に得られることと，大規模な発電施設（パネル）の整備ができる広い土地が必要となる。わが国では緯度が高いことと，大規模な整備ができる土地が少ないため条件に合致せず，海外の遊休地を探す必要がある。そこで図では，熱帯地域に隣接し，大規模な遊休地があるオーストラリアのグレートサンディ砂漠を想定している。わが国で回収された二酸化炭素は，液化炭酸ガス（約 2 MPa，253 K）にし，さらに現地で水素と合成することによってメタノールとなり，

図 2.4　グローバルな再生可能エネルギーシステムの成立条件

再び海上輸送によってわが国に戻ることになる。なお，このようなエネルギーシステムを実現する大規模な遊休地としては，アフリカ大陸のサハラ砂漠やユーラシア大陸のゴビ砂漠も候補として挙げられる。

┌─**ルックバック**─────────────────────────────┐

SDGs の目標 7「エネルギーをみんなに そしてクリーンに」について考察することは重要である。持続可能な再生可能エネルギーによって実現される目標 7 に示された未来の形について考えてみよう。

└─────────────────────────────────────┘

 2.4 科 学 と 社 会

混沌とする世界情勢において，公共的な技術開発は必要不可欠であり，その在り方について考えることは，科学を学ぶうえでの規範となる。特に，技術者倫理や法工学にまで遡って自身を見つめ直すことは，確固たる信条を築くうえでも役に立つ。本節では，技術者倫理と科学者の社会的責任について考える[6]。

まず，**技術者倫理**には，**個人モラル**，**共通モラル**および**専門職モラル**があり，それらの相関を**図 2.5** に示す。個人モラルは，個人の約束事や家庭でのしつけ，宗教的な戒律などを守ることと定義され，共通モラルは，文化モラルや社会モラルなど，モラルの理想の集合体として定義される。一方で専門職モラルは，つぎの 5 項目でまとめることができる。

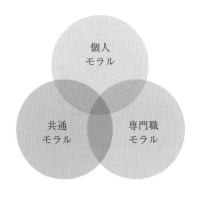

図 2.5 技術者倫理のモラルと
その相関

① 専門職に就くには，かなりの期間が必要であり，その訓練は知的なものでなければならない。

② 専門職の知識と技量は，社会より大きい幸福に不可欠なものである。

③ 専門職は，専門サービスを独占的またはほぼ独占的に提供する。

④ 専門職は，その職場において組織人としての自立性をもつ。

⑤ 専門職は，通常の倫理規定の中で具体的に記述される倫理基準によって行動を規制される。

以上の三つのモラルを遵守しつつ技術開発を行うことこそが，社会的責任を果たしつつ，将来において自らを裏切らない，誰にでも誇れる科学者になるために必要なことである。また，個人モラル，専門職モラルと共通モラルの違い，およびその在り方について，複数の事例から考える。

① 軍事に関わる仕事は非モラル的であると信じ，軍用機器の設計を断る。⇒ この判断は，個人的なモラル概念に基づいており，専門職モラルまたは共通モラルには基づいていない。

② 持続可能な耐久力のない設計は原則に反すると信じ，プロジェクトにおける設計を断る。⇒ この判断は，独自の倫理感，もしくは個人的なモラルの義務感に基づいている。

③ すべての科学者は，依頼元または上司，会社に対する技術成果の報告において，完全に正直であるべきだと主張する。⇒ この主張は，個人モラル，専門職モラルまたは共通モラルに基づいている。

しかし，実社会では，雪印乳業集団食中毒事件（2000 年），携帯電話低温火傷事件（2003 年），自動車リコール隠し事件（2004 年），こんにゃくゼリー窒息事故（2008 年），製鋼所データ改ざん（2017 年）など，モラルに関わる問題があとを絶たず，技術者のモラルが問われ続けている。

つぎに，**科学者の社会的責任**を考える。技術専門職に従事する人間が，「人類の生活を物質面において改善する」という理想を実現するうえで特に責任をもたなければならないことは，安全，健康，および公共の福祉である[7]。

わが国では近年，相次ぐ研究論文不正や患者の同意なしに行われた臨床研

究，そして笹子トンネルの崩落事故や福島第1原発における事故など，大学や企業の研究者・技術者に対する不信を増大させるような事件・事故がつぎつぎに起きている。その結果として，社会の礎となるべき研究者・技術者に対する信頼が深く傷ついていることは悲しい事実である。科学者は，自身の研究を誠実に計画・実行し，その成果を発表するだけに留まらず，より積極的に社会の安全・安心に貢献できるよう心掛ける必要がある。ここで，科学者の社会的責任について三つの事例から考える。まず，第二次世界大戦終結間際の原子爆弾投下に始まる核兵器の問題における責任の認識を見直そう。この問題については，1955年に下記のラッセル–アインシュタイン宣言が出された。

　「およそ将来の世界戦争においては，必ず核兵器が使用されるであろうし，そしてそのような兵器が人類の存続を脅かしているという事実からみて，われわれは世界の諸政府に，彼らの目的が世界戦争によっては促進されないことを自覚し，このことを公然と認めるよう勧告する。したがってまた，われわれは彼らに，彼らのあいだのあらゆる紛争問題の解決のための平和的な手段を見出すよう勧告する。」

　この宣言は，原子核エネルギーの解放によってもたらされた諸問題に対する，科学者の社会的責任に着目している。

　つぎに，1960年代には，環境汚染問題が知られるようになったことによる責任の問い正しが始まった。これは，1962年のレイチェル・カーソン著『沈黙の春』に始まる指摘であり，科学それ自体の内的な変革を求めている。

　そして，1980年以降，科学的な産物に対する批判ではなく，科学的なプロセスに対する批判が始まった。外部からの科学者共同体への批判がその中心をなしている。20世紀末頃までは，科学技術は社会から独立した，中立かつ自由なものでなければならないという考えが支配し，科学技術の活用は使う側に任せられるといった状況が続いた。しかし，これでは科学技術に対する社会の信頼と支持を得ることができなくなり，「科学技術と社会の関係の強化」という新しい考え方が必要となってきた。すなわち，「科学技術は社会とともに，そして社会のために在るもの」という新しい視点が必要になってきた。

　科学の自由と科学者の自律的な判断に基づく研究活動は，社会からの信頼と負託に応えられることを前提として，初めて社会から信頼と尊敬を得ることができる。これらのことを身につけるには，自身の研究能力の研鑽を怠らず，公平性・正確性・安全性に配慮したうえで対話を心掛ける，科学者としての行動規範が必要であることはいうまでもない。具体的な例として，新幹線騒音問題，空港騒音問題，ダム開発問題など，生活に必要な社会整備に関わる公共工事においても，やはり公平性・正確性・安全性が求められる。

　ここで，最先端の科学技術者が守るべきモラルの一つである**デュアルユース**（dual-use）についても考える [8]。デュアルユース技術は，「民生用および軍事用の両方に使うことができる技術」として定義されている。すなわち，民生技術 ⇔ 軍事技術へと両方に適用可能な技術開発のことを指す。軍事技術を民生技術にスピンオフした技術開発としては，インターネット，GPS（global positioning system），暗視カメラなどがあり，いずれもわれわれの生活になくてはならない技術となっている。しかし，一方で軍事費を用いて民生技術を開発し，その後軍事技術へとスピンオンした事例も存在することが明るみに出て，大きな問題となった。

　これに対し，わが国の科学者を代表する組織である日本学術会議は，防衛省が 2015 年に創設した大学などを対象とした軍事応用が可能な基礎研究を助成する公募制度について，「政府による介入が著しく，問題が多い」と指摘する声明を発出した。声明文は強制力こそないが，各大学で研究への参加の可否を審議する際の指針となるものである。また，本声明を審議した内部検討委員会によると，参加した大学教員らからは「声明をきっかけに議論を広めていくべきだと思う。学術が軍事利用されそうになったときはどうするか，準備して議論すべきだ」，「所属している大学では，学術会議の議論を参考に防衛省の公募には当面応募しないと決めた。役に立つ，重要な手掛かりになる声明だ」などと支持する声が相次いだ。

　なくてはならない技術とは何か。技術主義には，**技術本質主義**と**技術の社会構成主義**がある。技術本質主義は，社会の形態や要望にかかわらず，"独立に"

発展するという立ち位置である。一方，技術の社会構成主義とは，いまある技術は多くの可能性の中から，社会の構成員によってその都度選択された結果である，という立ち位置を表している。技術開発が過去の反省を受けて，よりよい形へと進展するには，いままでの技術本質主義から社会構成主義へと転換する必要があると考える。そのため，将来において，公平な技術の議論，公平な意見交換，そして公平な技術評価ができる公共空間が必要になることには，疑いの余地がない。

ティータイム

　1990 年，佐野ら[5]により「エネルギーと地球環境の同時解決」（エネルギー・資源学会）が掲載された。自然エネルギーによる二酸化炭素グローバルリサイクルシステムの始まりである，当時，マテリアル循環に関しては，廃棄時代からリサイクル時代へと転換されつつあったが，エネルギー資源の転換には深刻な課題があって，化石燃料からの最終生成物としての二酸化炭素が地球温暖化に影響している可能性が指摘されたところであり，研究者たちは，その矛盾に真正面からの対策が迫られていた。完全燃焼あるいは高効率燃焼を目指した燃焼研究者には，「寝耳に水」とはこのことであった。最終的には，太陽エネルギーを地球規模で取り込む視点をもつことと，二酸化炭素をエネルギー輸送担体としてリサイクルに活用することがその突破口になることを世界で初めて示した。

ルックバック

　「科学の自由と科学者の自律的な判断に基づく研究活動は，社会からの信頼と負託に応えられることを前提として，初めて社会から信頼と尊敬を得ることができる」という一文について考え，技術の公共性をつねに自問自答することを心がけつつ，科学者のあるべき将来の形・姿を想像してみよう。

演 習 問 題

　民生用にも防衛用にも利用することができるデュアルユース技術を一つ挙げ，その概要を述べよ。また，技術者の社会的責任について述べよ。

3. 地球システム

　再生可能エネルギーの持続可能性が担保される理由は，ほぼすべての再生可能エネルギー（潮力エネルギーは，地球と月の引力により誘起されている）が太陽エネルギーを源としているところにある。再生可能エネルギーは，気象，地形，地質，火山，海洋，地球電磁，生合成など太陽由来のエネルギーから自然現象を介して抽出している。本章では，サイエンスにおける環境と社会を理解するための地球システムについて，持続可能なエネルギーの視点から考える。

 ## 3.1　持続可能な再生可能エネルギー

　再生可能エネルギーの質を考慮した区分を**図3.1**に示す。楕円で囲まれた太陽光エネルギーと太陽熱エネルギーは，直接的に利用しており，四角で囲まれた風力エネルギーと水力エネルギーなどは，間接的に取り出している。

　一方，バイオエネルギーはいったんバイオマス資源として備蓄され，燃焼現象や化学反応（エタノール，FT（Fischer-Tropsch）合成など）を介してエネルギーへと転換されるため，中間的な性質として位置づけられる。

　気象を利用する場合，太陽と地球の位置関係が重要となる。太陽エネルギーを直接に利用する太陽光発電や太陽熱利用では，太陽が見えない，すなわち夜間時間帯は，光発電ができなかったり，熱放射により熱損失が生じたりすることになる。また，風力エネルギーでは，風の向きが変化したり，強弱が変化したり，安定した電力供給ができないことが生じる。

　地形を利用する場合，水力エネルギーでは，水が落ちる落差と蓄えられる容

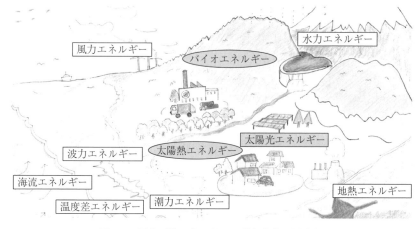

図 3.1　再生可能エネルギーの質を考慮した区分

量が必要とされ，風力エネルギーでは，風力（平均風速）が年間通じて得ることができる場所（尾根の頂上，洋上等）などが必要とされ大きな制約を受ける。

　ここで，これらの再生可能エネルギーが化石資源と何が違うのか，エネルギーの本質から再考する。

　まず，化石資源は，一次エネルギーに区分され，古来の炭素を長期安定な物質（原油や石炭，天然ガスなど）として地球内に蓄積して取り出し，これらを転換・加工することによって，電気エネルギーや気体（水素や一酸化炭素など）などの二次エネルギーを作り出すことができる。

　再生可能エネルギーのほとんどは，電気エネルギーを作り出すところにある。電気エネルギーは，二次エネルギーとして区分され，単体では大出力電力を発生させたり，電力を蓄えたりすることが難しい。技術的には，超電導技術開発が進めば，損失を抑えた電気エネルギー備蓄が期待できる。

　エネルギー備蓄の観点からは，太陽熱エネルギーは，放熱はするものの，蓄えたり搬送したりすることが可能であり，近距離ではパイプ方式，中長距離ではカートリッジ方式などで搬送する技術がある。

　一方，バイオエネルギーは，炭素をバイオマス資源として固定化しているので，それ自体が一次エネルギーとして区分される唯一の再生可能エネルギーと

して位置づけられる。しかし，このバイオマス資源は，つねに生合成を行いながら生物構造体を形成しているので，約50重量％以上の自由水を含みながら生育するため，熱エネルギー資源としては，ほぼゼロに近いエネルギー資源として位置づけられる。この意味は，バイオエネルギーとして熱エネルギーを取り出すためには，細胞内に含まれる自由水を蒸発させる必要があり，それに必要な潜熱エネルギー（マイナス）と得られるバイオエネルギー（プラス）が相殺されることを意味する。このようにバイオマス資源を有効に活用するには，粉砕，乾燥，発酵などのさまざまな要素技術の開発が必要となる。

ルックバック

　持続可能性，再生可能性を有するエネルギーについての科学的根拠を学習し，その地球システムからエネルギーの在り方について考えてみよう。

 ## 3.2　再生可能エネルギーの科学

　再生可能エネルギーの中でも，太陽エネルギー（光エネルギーと熱エネルギー），風力エネルギー，水力エネルギー，バイオエネルギーは，4本柱と期待される。本節では，地球システムから人工的に備蓄可能な水力エネルギーを取り出す科学の本質を考える。

　まず，水力エネルギーは，どのような現象から得ることができるのだろうか。水力エネルギーを得るには，水が落ちる落差が必要であることを知っている。では，この「落差」とは何か。落差とは，物体が地球の中心に向かって引きつけられる引力の方向（向心力）における距離の差を表す。この落差が大きいほど，発電量は多くなる。地球の引力ベクトルを**図3.2**に示す。引力は，地球中心から離れるほど弱くなり，近づくほど大きくなる。このベクトルの大きさを重力と呼んでいる。水が引力により，重力分だけ地球の中心に向けて引きつけられるので，その大きさは地球の中心からの距離によって異なることになる。ダム型水力発電では，地球の中心から離れたところから近いところに水

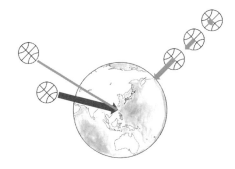

図 3.2 地球の引力ベクトル
（方向と大きさ）

が引きつけられるので，加速的に水の速度が速くなることがわかる。このように，ダム式水力発電では落差と重力によって水力エネルギーを得ることになる。

つぎに，水力エネルギーによるエネルギー転換とその利用，特にエネルギーミックスについて考える[1]。**図 3.3** にダム−揚水式水力発電の構成を示す。

図 3.3 ダム−揚水式水力発電の構成

ダム式水力発電は，上部に水をせき止め，蓄える貯水池から落下水路を通して発電設備へ導き，水車によって発電を行う構成となっている。わが国では，地理的な制約からダム式水力発電が主流であるが，水流を使った水力発電もある。水流を使った発電は，大河の流れからエネルギーを取り出すため，安定的な発電設備となるが，山から海までの距離が近いわが国には不向きな設備であり，あまり普及していない。しかし近年，田んぼの側道に流れる水流から発電

するマイクロ水力などが開発されている。

ダム−揚水式水力発電の最大の特徴は，エネルギーミックスが図れる点にある。社会に供給する電力は，ある程度，余分に供給する必要があり，供給不足になるとブラックアウトが生じる。電力供給は，発電量（供給サイド）と電力消費量（需要サイド）がつねに余分に発電量が大きくなるように発電量も組み合わせて，その安定性を保つ制御を行っているが，その需給バランスが崩れ，送電を正常に行うことができなくなって生じる大停電をブラックアウトと呼ぶ。むしろ，社会情勢を安定化させるために，さまざまな発電（石炭火力，天然ガス火力など）を組み合わせて余分に電力供給している。

特に，ダム−揚水式水力発電は，夜間など余剰に他の方式で発電された電力を使って水車を逆回転させ，いつもは放水口と利用している出口から水を吸い込み（吸込口），貯水池に水を押し上げる。このダム−揚水式水力発電では，例えば，火力発電で余分に発電された電力で揚水を行い，その揚水により，ピーク電力時に水力発電を行うことができるエネルギーミックスを可能とする。

> **ルックバック**
>
> 　再生可能エネルギーは，地球システムの一部を使った転換であり，特に，水力エネルギーは備蓄機能を有しているが，社会環境，生活環境に合わせたエネルギーのベストミックスの有効性を考えてみよう。

つぎに，水力エネルギーの**エネルギー転換**および**エクセルギー**（exergy）について，水力発電に働く力から考える[2]。エクセルギーとは，エネルギーを考える概念の一つで，**有効エネルギー**（avairable energy）とも呼ばれる。エネルギーは，利用できるエネルギーと利用できないエネルギーに分けることができ，利用できるエネルギーをエクセルギーと呼ぶ。例えば熱エネルギーでは，利用できるエネルギー（高温側）と利用できないエネルギー（低温側）が存在している。この高温側と低温側の温度差が有効なエネルギーへと変換され，その最大値をエクセルギーといい，技術開発が数値目標となる。

水力エネルギーは，上部に蓄えた水を落差の分だけ地球の引力によって下部

に落とすことで取り出している。**図3.4**に，物体に働く地球の引力を示す。地球と物体との間には，万有引力の法則が適用できるので，式（3.1）の関係が成立する。この式を整理すると，式（3.2）が導かれる。

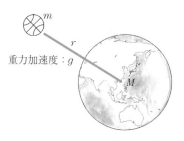

重力加速度：g

M：地球の質量
m：物体の質量
r：地球の中心と物体の中心の距離
G：キャベンディッシュ定数
g：重力

図3.4　物体に働く地球の引力

$$F = G\frac{Mm}{r^2} = mg \tag{3.1}$$

$$\frac{F}{m} = G\frac{M}{r^2} = g \tag{3.2}$$

式（3.2）より，重力加速度gは地球の質量Mに比例し，距離rの2乗に反比例している。つまり，水力エネルギーは地球の質量にも依存していることがわかる。

つぎに，エネルギー転換を考える。貯留池の水の位置エネルギーUを式（3.3）に，また，水路を通して発電設備に導かれた水の運動エネルギーMを式（3.4）に示す。

$$U = mgh \tag{3.3}$$

$$M = \frac{1}{2}mv^2 \tag{3.4}$$

ここで，h：落差，　v：水車を回転させる水の速度である。

したがって，位置エネルギーUと運動エネルギーMのエネルギー等価転換から計算すると，式（3.5）が導かれ，水車を回転させる水の速度vを求めることができる。このように，水力エネルギーは，重力gと落差hの乗算の平方根に比例することになる。等価エネルギー転換とは，エネルギー損失のない

状態を想定し，エネルギーの転換を考える手法であり，実際には水路内の摩擦損失や回転による摩擦損失などが生じエクセルギー（理論上取り出せる最大のエネルギー）が減少する。

$$v = \sqrt{2gh} \tag{3.5}$$

つぎに，水力エネルギー転換を考える。**図3.5**にダム式水力発電のエネルギー転換によるエネルギーの連動を示す。

水	落 下	タービン	発電機	電 力
位置エネルギー	運動エネルギー	回転エネルギー	電磁エネルギー	電気エネルギー

図3.5 ダム式水力発電におけるエネルギー転換によるエネルギーの連動

エネルギーは，図の左から右へと等価転換される。貯水池にある水は，位置エネルギーを有しているので，この位置エネルギーが引力により落下し，運動エネルギーへと転換される。運動エネルギーをもった水が水車に導かれ，回転運動へと転換されて，回転エネルギーへと転換される。この回転運動が回転軸を介して発電機を回転させ，フレミングの法則に従って電力が発生し送電される。このとき，貯水池にある水の位置エネルギーの全量が電気エネルギーに転換されるので，途中の計算を省略して位置エネルギー＝電気エネルギーとみなし，実際にはその差を発電と送電の際に生じたエネルギー損失として計算できる。

最後に，エネルギー転換の効率と損失を考え，最終エネルギーの形態を考える。**図3.6**にダム式水力発電のエネルギー転換効率を示す。図のように，位置エネルギーを運動エネルギーに転換するには，水が羽根車に衝突する際に発

水	落 下	タービン	発電機	電 力
位置エネルギー	運動エネルギー	回転エネルギー	電磁エネルギー	電気エネルギー
	衝突効率 η_1	運動効率 η_2	電磁効率 η_3	送電効率 η_4

図3.6 ダム式水力発電のエネルギー転換効率

生する衝突効率 η_1，水の運動エネルギーを羽根車の回転運動へと転換する際の運動効率 η_2，さらに回転する発電装置の電磁効率 η_3 が生じ，最後に送電効率 η_4 が発生する。これらの連動するエネルギーの総合効率 η は，式（3.6）で表すことができる。

$$
\begin{aligned}
\text{総合効率}\,\eta &= \eta_1 \times \eta_2 \times \eta_3 \times \eta_4 \\
&= 0.8 \times 0.7 \times 0.8 \times 0.95 = 0.43\ (43\%)
\end{aligned}
\tag{3.6}
$$

各効率を衝突効率 0.8，運動効率 0.7，電磁効率 0.8，送電効率 0.95 とすると，総合効率は，0.43（43%）と計算することができる。また，そのエネルギー損失は 57% に相当し，このエネルギーは，熱エネルギーとして宇宙に帰ることになる。これを散逸と呼んでいるが，送電される 43% のエクセルギーに相当する電力も最終的には，すべて熱となり宇宙に帰着することになる。宇宙全体では，最初のエネルギーからさまざまなエネルギーに転換されるものの，すべて熱として宇宙に帰るので，その量は変化しない。これをエネルギー保存の法則と呼ぶ。

このエネルギー転換を**バイオマス発電**に置き換えて考える。**図3.7**にバイオマス発電のエネルギー転換の連動を示す。

等価エネルギー転換（バイオマス発電のケース）

化学エネルギー　燃焼エネルギー　回転エネルギー　電磁エネルギー　電気エネルギー

図3.7　バイオマス発電におけるエネルギー転換の連動

バイオマス資源を燃料として収集・回収する行程はつぎのとおりである。燃料は，ボイラにより燃焼し，水蒸気を生成する。その水蒸気によりタービンを回転し，回転軸を介して発電機を回転し，発電する仕組みである。水力エネルギーの転換と同様に，燃料の化学エネルギーを燃焼により燃焼エネルギーに転換し，水蒸気の運動エネルギーをタービンの回転エネルギーへと連動し，発電機により電磁エネルギーに転換し，発電，送電を行う。

　このように，一次エネルギー資源をエネルギー転換により，電磁エネルギーへと転換することにより，電気エネルギーを得ることができ，一次エネルギーの燃料が再生可能エネルギーであると，燃焼エネルギーへ転換されるときに生成される二酸化炭素が，地球システムによりバイオマス資源として炭素循環することになるので，再生可能電力を得ることになる。

── ティータイム ──

　ガラスに囲われた中に羽根車が回るオブジェとしてのラジオメータがある。このラジオメータは，ガラスの外から照射された太陽光や懐中電灯の光により，羽根車が回転する仕組みである。光のエネルギーは，アインシュタインの相対性理論から $e = mc^2$（質量×光速の 2 乗）として求めることができる。この光エネルギーを羽根車の羽の部分で受け止め，回転エネルギーに変換される。では，なぜこの質量 m をもっている粒子が物質（ガラス）を通過できるのか，物質が物質を透過することが可能なのか，という疑問が生じることになる。SF 映画『X-MEN』では，ミュータントが壁を通過するシーンがあるが，現実には壁にぶち当たるのが，未来ではそのような能力が身につくかもしれないという想定である。しかし，このラジオメータでは，それが現実になっている。この現象は，相対性理論の光の特性から説明できる。

── ルックバック ──

　エネルギーは，等価転換されて消費され，すべてのエネルギーが熱となって散逸する。またエネルギー転換には，摩擦など物理的な損失が生じる。そのため，エクセルギー（有効エネルギー）の概念を考えてみよう。

演　習　問　題

　地上から大型風車の翼回転を見ていると遅く見えるが，鳥が風車翼に衝突するバードストライク事故がつねに発生している。見た目では，ゆっくり回転しているようなのに，鳥は避けることができないのであろうか。3 枚翼風車が 1 分間当り 15 回転（発電時には 1 000 ～ 1 500 回転に増速する）するとき，ローター直径 220 m（2021 年最大級）の翼先端の速度，および鳥が通過するルートに対して風車翼が横切る時間間隔を求めよ。

4. 自然に影響を及ぼしている環境問題と社会

　これまで，人間の社会活動は，化石燃料を主とするエネルギーを基盤に発展してきた。しかし，このエネルギーシステムは，おもに二酸化炭素排出による地球温暖化や，原子力発電所などの事故による大きな被害をもたらしたため，エネルギー消費に伴うリスクを認識することとなり，各国は再生可能エネルギーへの転換を加速させている。

　科学者および技術者にとって，製造物を安全に使用・作業できるように保護する環境を整える「保全」という考え方は，倫理を尊ぶうえで必須である。この考え方は，使用・作業する人間だけではなく，自然環境の汚染・破壊を招かないように自然との共生において，地球上のすべての健全化が求められる。

 ## 4.1　エネルギーと社会のゆくえ

　これまでの石炭や石油などの化石資源からエネルギーを得る方法は，「公害」と呼ばれる光化学スモッグなどの人的な被害を引き起こすとともに，硫黄酸化物（SOx）などを起因とした酸性雨によって砂漠化や森林破壊などを招いたため，化石資源をクリーンに利用する技術開発が急務となった。例えば，火力発電所では燃焼灰を収集する集塵装置，窒素酸化物（NOx）を回収する脱硝装置や硫黄酸化物を回収する脱硫装置などの技術開発を通して，自然への負荷を最大限に抑制できるエネルギー転換の進化を続けている。これは，自然との共生を模索する「保全工学」そのものである。

　しかし，自然が循環する時間スケールと化石資源を消費する時間スケールが

大きく異なるため，二酸化炭素などの影響因子が地球環境に徐々に影響を及ぼしていることに気づくのに時間を要したことは反省すべき大きな点である。ローマクラブ[†1]は，1972 年の『成長の限界』[1)]，1974 年の『転機に立つ人間社会』[2)]などの報告書で化石資源社会の在り方に警告を発している。

　最大の懸念は，この自然がまだ再生回復できる範囲なのか，再生回復するためにどれくらいの時間を要するのかなどの見極めが今後の技術開発に大きく影響を与える。いままでの知見，反省を踏まえ再生可能エネルギーの技術開発はどうあるべきかを考える必要がある。本章では，自然との共生（symbiosis）の観点から再生可能エネルギーと社会のゆくえを考える。

 ## 4.2　再生可能エネルギーによる自然環境への影響

4.2.1　太陽光発電について

　再生可能エネルギーの導入は，2050 年までにカーボンニュートラル[†2]な社会の実現を目指す国の取組みにより，電力会社が電力を一定価格で一定期間買い取ることを約束した 2012 年の「再生可能エネルギーの**固定価格買い取り制度**（feed-in tariff，**FIT**）」によるところが大きい[3)]。しかし，太陽光発電の導入は，加速的に導入が促進されたが，その貢献度は限定的である。その理由として，風力発電や地熱発電などに比べて大電力発電ではなく，工場用や家庭用の中小規模発電として普及が進んでいることが影響している。

　しかし，この FIT 制度は再生可能エネルギーの市場拡大と雇用創出など，再生可能エネルギー分野が自立した経営を可能にするための起爆剤でしかなく，2022 年には市場価格と買い取り価格の差額を補填するフィードインプレミアム（feed-in premium）（通称，FIP 制度）の導入を検討していることから，

---

†1　ローマクラブ（Club of Rome）：科学者，経済学者，教育者，経営者などで構成され，1970 年に認可されたスイス法人の民間組織で，「地球問題症候群」の分析に取り組む研究団体。
†2　カーボンニュートラル（carbon neutrality）：人為的な温室効果ガスの排出量から植林や森林管理などによる吸収量を差し引いて，合計を実質的にゼロにすること。

再生可能エネルギー導入の難しさを知ることができる。

　一方，FIT 制度を導入していない米国では，税制優遇をすることで環境意識の高い企業が市場価格で購入するコーポレート PPA（corporate power purchase agreement, CPPA）を実施し，FIT 制度を導入した EU 諸国では，FIP 制度や発電事業者と電力の買い手となる政府系企業との間で契約により長期間の固定価格（ストライクプライス，strike price）を設定する差金決済契約制度（contract for difference, CFD）の検討が始まっている。

　わが国においては 2019 年に，家庭用の FIT 制度の期間が終了した太陽光発電の買い取り自体がなくなり，自立発電と称して蓄電池の導入補助などで完全自家消費へ移行している。しかし，50 kW 未満の工場用の発電や，1 MW 以上のメガソーラー事業は，FIT 制度の認定は受けたものの運用しても赤字になるとして稼働までに至っていない例が多発している。さらに，設備容量別の稼働率は，10 〜 50 kW で 71%，1 〜 2 MW で 78%，2 MW 以上では 42% となっている。つまり，大型発電施設では，採算がとれない状況となっている。

　ここで，再生可能エネルギーの自然環境への負担の度合いを考える基本的な指標として，**ペイバックタイム**（energy payback time, **EPT**）と**エネルギー収支比**（energy profit ratio, **EPR**）がある[4]。EPT とはエネルギー回収年数とも呼ばれ，太陽光発電所では，太陽電池材料の採掘から太陽光発電設備の製造，建設，廃棄，処理までのライフサイクルで消費するエネルギーをその発電施設が生産した電力量で除したもので表される。一方，EPR はエネルギー投資効率とも呼ばれ，発電設備が期待寿命を全うした際に生産した電力量の総量をライフサイクルで消費する電力量で除したものであり，すなわち EPT に期待寿命年数を乗じたものになる。一般的に期待寿命は 30 年として推算され，風力発電では約 20 年としている[5]。

　特に，太陽光発電の EPT は使用する太陽光パネルの種類によって 0.96 〜 2.6 年と幅があり，EPR は 12 〜 31 となる（風力発電の EPT は 0.56 〜 0.79 年，EPR は 38 〜 54 である）。これより，太陽光発電は約 2 年程度で環境にやさしいエネルギーを生産でき，約 30 年間でその設備で生産した電力量の約 30

倍ものエネルギーを生産し続けることになり，再生可能エネルギーの牽引役と
して普及・拡大が進められている。しかし，これはあくまで数字上の話であ
り，この太陽光発電が直接的に自然環境にもたらす影響とは異なることに注意
しなければならない。

　また，わが国は台風の影響を大きく受ける国の一つであり，地球温暖化によ
る海水面温度の上昇と気温上昇に伴い空気中の含有水分量が増加し，台風がも
つ水分量は年々多くなっている。その結果，上陸した台風の時間当り降雨量も
多くなる傾向にある。さらに，わが国は暖流を流入する日本海流や対馬海流
と，寒流を流入するリマン海流と千島海流が合流する地域であるとともに，偏
西風による暖かい風，および大陸風による冷たい風が流れ込む地域であり，気
象的に複雑な地理的環境にある。そのため，年々，大気が不安定な状態になっ
ており，気象庁が示す 1976〜2020 年の降水量 50 mm/h 以上の年間発生回数
を示す**図 4.1** のデータを見ると，降水量 50 mm/h 以上のゲリラ豪雨の年間発
生数は，29.2 回/10 年で増加しており，これまで年平均 10 回程度であった
80 mm/h を超える豪雨が，近年では平均 20 回程度に増加している [6]。

　このような台風の強い風による太陽光パネルのめくれ上がりや，飛散物・あ

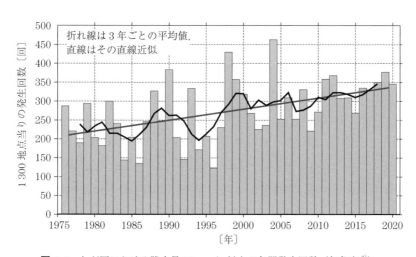

図 4.1　わが国における降水量 50 mm/h 以上の年間発生回数（気象庁 [6]）

られ・ひょう（雹）などによる設備の破損，豪雨による土砂崩れ，さらに火災などの被害が出ている。これらの被害は，今後とも増加することが予測される。また，水上太陽光発電においてもダムや溜め池の有効利用ということで普及しているが，陸地に比べて固定方法があまいため，上述した異常気象の影響による被害も大きく，水中に太陽光が入射しなくなることから生態系を崩している恐れがある。これが将来，われわれにどのような悪影響を及ぼすのかは，時間の経過が必要であるが，少なくとも水の浄化作用，山の貯水能力や浄化能力が低下し，連動して海の生態系にも大きく影響することが危惧される[7]。

　これらのことから，太陽光発電はエネルギー収支的には期待できる再生可能エネルギーであることは間違いないが，これを設置する際には，広域にわたる自然環境保全の視点から，その方策について慎重に検討する必要がある。

4.2.2　風力発電について

　図4.2に示すように，風力発電に用いられる風車の形は多種多様である。垂直型はデザイン性に富んでおり小〜中規模風力発電設備（1〜500 kW程度）に採用されている。一方，中〜大型規模風力発電設備（500〜1 000 kW以上）として設置されているのは，水平型・揚力型・プロペラ型・アップウィンド型である。1 000〜2 000 kWの風車になると，タワーの高さが60〜80 m，ローター直径が60〜90 mにもなり，大型化の傾向にある。一般的に，大型風車の重量Wはローター直径Dの3乗に比例し，生産エネルギーPはローター直径の2乗に比例，コスト（cost）はローター直径の3/2乗に比例する。

　特に，わが国では風力発電が設置できる風況は山間部や沿岸部に多いため，大型化した場合，軽量化された風車翼であっても全長が約35 m，重量が約40トンとなり，これらを山頂まで運搬し設置するためには，山中に運送道を作ることから始まるため，森林破壊によって生態系に影響を及ぼす可能性が否めない。したがって，山間部に設置できる規模は限られ，500〜1 000 kW程度の中規模風力発電設備が主力となる[8]。

　ここで，将来的に非常に有望な**洋上風力発電**を考える[9]。陸上の場合，設置

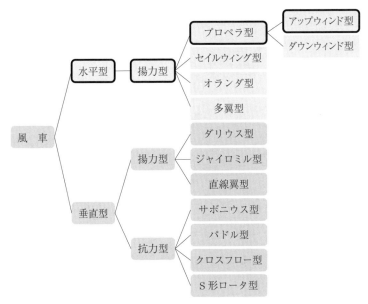

図 4.2　風力発電に用いられる風車の種類

場所近くの地形や建物，天候にも影響されやすく，風力発電にとって安定しているとはいえず，EU 諸国では洋上での加速的な導入が進められている。わが国でも経済産業省が主導している「洋上風力産業ビジョン」による指針が公表され，2030 年までに 1 000 万 kW，2040 年までに 3 000 〜 4 500 万 kW の大型設備の導入を進めている。

　洋上風力を設置する方法には，三つの形式がある。代表的な方式は，**図 4.3**に示すような海底に直接基礎を打ち込む着床式である。このほか，筏などの浮体に設置し，海底に係留などで固定する浮体式やメガフロート式がある。

　洋上風力は

①　強風時は陸上風力の約 1.25 倍

②　温度の日照変化が陸上より少ない

③　風の乱れ強度が小さく陸上の 1/2

④　風速の変化が少なく安定

などのメリットを有しているが，メリットを活かすに従って，水深が深くなっ

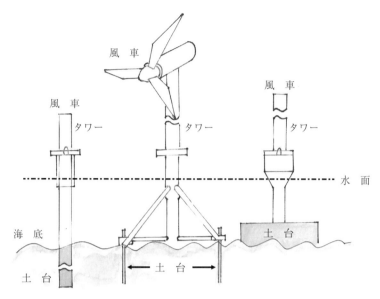

図 4.3 着床式洋上風力発電施設のイメージ
〔出典元：平成 22 年度 NEDO「海洋エネルギーポテンシャルの把握に係る業務」[9]〕

たり，離岸距離が遠くなったりするため，洋上から陸上への電力輸送が逆に課題となる。

　EU 諸国で導入されている洋上風力は，おもに離岸距離 20 m 程度の浅瀬に設置された着床式である。水深 30 m を超えると，深さそのものに加え，海流による衝突抵抗によりタワーの強靭化が必要となり，さらにコストが上昇するジレンマに陥る。2020 年段階では，水深約 60 m，離岸距離約 100 km が限界である。

　浮体式は基本的に筏のようなフロートに風車を設置し，タンクやバラストを用いて海上に浮かせ，係留ケーブルを用いて場所を固定する。そのため，大規模風力発電設備のように大重量設備は設置できず，おもに 500 ～ 1 000 kW 程度の中規模とならざるを得ない。

　わが国周辺の海域の平均水深は，1 667 m とかなり深く，EU 諸国に多く見られるような水深 300 m 程度の大陸棚の海域は少ない。また，数少ない浅瀬

も生活のための漁場になっており，着床式を設置できる場所は限られる。このためわが国における洋上風力発電は浮体式が適しているが，重量と浮力をバランスさせながら，設置場所を固定するための係留を深い海底にとらなければならず，設置コストは必然的に着床式よりも高くなる。

さらに，EU諸国と大きく異なるのは，EU諸国にはほとんど発生しない台風を考慮しなければならない点にある。台風の発生は，おもに赤道を中心にした各海域で起きる現象である。1970〜2010年における世界の台風年間発生数が約87個であるのに対し，わが国を含む北西太平洋の発生数が最も多く年間平均26.6個に達し，世界の台風年間発生数の約3割がわが国周辺の海域で発生している。このため，洋上風力発電には，わが国独自の設計開発が必要となる。

ここで，風力発電に伴う回転翼が自然環境に及ぼす影響を考える。一般的な大型風車の回転数は15〜18 rpmであるが，発電するために機械的な増速装置によって，1 500 rpm（50 Hz）〜1 800 rpm（60 Hz）程度まで上げる。風車翼端の速度は，ローター直径が90 mとすると時速254 kmに達し，高速でナイフのような翼を振り回すことになり，渡り鳥などがこの空間に入るとバードストライクが発生する。

さらに，回転翼が発生する騒音について考える。公立鳥取環境大学の十倉毅教授によると[10]，わが国のローター直径70 m，タワー高さ65 mの風力発電装置41基の検証事例から，風車位置から300 m以上の場合，騒音基準値である昼間50〜60 dB，夜間40〜50 dBを満たすが，風車位置から240 m以内の場合，風車翼端速度の増加に伴い音圧レベルがすべての地点で増加することが示された。特に，洋上風力の場合，これらの騒音は風車やタワーを伝わって海中へ伝達されることになり，音速は，海中では秒速約1 500 mと空気中の4.4倍の速さで伝わるので，海中生物への影響が危惧される。

このほか，ウィンドファームによる景観悪化，台風による損壊（景観悪化，経済損失，地域社会損失），低周波騒音（生態・生体への被害）など，「環境と経済」，「自然保護と経済」の観点から，公共的利益の議論，および公共性のあ

る技術開発とは何かを考える必要がある。このような価値観は各国で異なり，諸外国における事例を鵜呑みにせず，コスト，設置場所や騒音対策など日本独自の考え方が必要である。

```
┌─── ルックバック ───────────────────────────┐
│  風力エネルギー，特に洋上風力は，わが国の地理的特性を活かせる再生可能 │
│ エネルギーである。「環境と経済」，「自然保護と経済」の在り方を考え，公共的 │
│ 利益と公共性のある技術開発に関する理念を尊重し，将来のエネルギーによる │
│ 環境と社会の形を考えてみよう。                          │
└────────────────────────────────────────┘
```

4.2.3　海洋エネルギーについて

　海洋エネルギーとは，海流，波力，潮流・潮汐，海水温度差や塩分濃度を利用して発電する技術である。わが国は，海に囲まれた島国であり，かつ，南からは日本海流（黒潮）と対馬海流，北からはリマン海流と千島海流（親潮）の4つの大きな海流をもっており，海洋エネルギーを有効利用することは再生可能エネルギー利用の大きな柱であるといえる。

　また，海流を利用した発電は，安定した連続発電が可能であることや，水の密度は空気の約1 000倍であり，速度の2乗で運動エネルギーを得られるので，大規模なエネルギーを得られる可能性を有している。しかし，海洋エネルギーの研究は，実証研究が海上という困難な地理的制約を受けるため，未開発な研究領域として今後の技術開発に期待がかかる。

　平成22年度のNEDOの「海洋エネルギーポテンシャルの把握に係る業務」[9]によると，わが国における海洋エネルギーのポテンシャルは，海流で年間10〜31 TW·h，波力で年間19〜87 TW·h，潮流で年間6 TW·h，海洋温度差で年間15〜47 TW·hが未利用のエネルギーとして潜在している。

　まず，海流がもつエネルギーは，その質量と速度から得られる。最も大きな海流である日本海流（黒潮）の平均流速は，約時速4〜9 kmであり，秒時間当りの流量は約4 240〜6 360 m³と推算され，対馬海流の流速は時速約1〜2 km，秒時間当りの流量は424〜636 m³と小さくなる[11]。

　一方，寒流である千島海流（親潮）では，流速が速いときでも秒速 0.5 m
と遅く，秒時間当りの流量は日本海流と同程度である。また，リマン海流は，
流速は千島海流と同じ速度程度であるが，秒時間当りの流量は日本海流の約
1/25 とかなり少ない。このように寒流は，暖流に比べて低温で，塩分濃度が
高く，海流の水深が深いため，海流発電としては不向きである[12]。

　さらに，みずほ情報総研と名城大学の評価によると，日本海流のもつエネル
ギーポテンシャルは 205 GW と試算され，世界でも有数の強い海流である[13]。

　海流発電は，洋上風力発電と同様に着床式と水中浮遊式に分けられるが，わ
が国周辺は水深が深く着床式はコストが高くなり，特に地理的条件からメンテ
ナンスが困難になるため水中浮遊式が採択される傾向にある。しかし，海洋エ
ネルギーを開発する際には，漁業との共存を視野に入れる必要がある。また，
大きな発電量を得るためには日本海流の中心軸に設置すべきだが，その際，送
電損失，商船の航行，自然環境，および経済活動に影響を与える可能性がある
が，風力発電よりもリスクが少なく，安定した電力を得ることができるため，
漁業，商船や観光業など利害関係者との協力関係を築き上げることができれ
ば，国内での再生可能エネルギー普及の主力となる可能性を秘めている。

　波力エネルギーは，風の強さ，風が吹く時間，および風が吹く距離から得ら
れる。この波力エネルギーの源となる波には，周期によって 0.1 秒以下の表
面張力波，0.1 〜 1 秒の短周期重力波，1 〜 30 秒の重力波，30 秒 〜 数十分の
長周期重力波，5 分 〜 12 時間の長周期波，および 12 時間以上の潮汐波に区
別されるが，**波力発電**に用いられるのは風によって発生する重力波である。こ
の波力エネルギーは，全国港湾波浪情報網の 2009 年観測データのうち 2 時間
ごとの有意義波高 $H_{1/3}$ と有意義波周期 $T_{1/3}$ を用いて Bre Tschneider–光易スペ
クトルから求められる不規則波の波力エネルギーである式（4.1）から単位幅
当りの波力エネルギーを求めることができる。

$$\text{波力エネルギー} \, [\text{kW/m}] = 0.44 \, H_{1/3}{}^2 \, T_{1/3} \tag{4.1}$$

北海道地方で 2 万 kW·h/m 以上，東北地方で 3 万 kW·h/m 以上，中部地方
の日本海側で 5 万 kW·h/m 以上，近畿地方の日本海側で 6 万 kW·h/m 以上，

中国地方の日本海側で5万 kW·h/m 以上，四国地方の太平洋側で1万 kW·h/m 以上，九州地方の玄界灘で1万 kW·h/m 以上，宮崎県沖で3.5万 kW·h/m 以上，沖縄地方で2万 kW·h/m 以上を有している[14]。

　特に，国内の波力エネルギーは年間 195 GW/m が存在しており，海流エネルギーと違って浅い水深と風の強さなどに依存しており，日本海側に設置することが適している。また，波自体が風によって生じるため，波力エネルギーは天候や気候に依存するが太陽光や風力ほどではなく，年間を通しておおむね連続的に得ることができる。

　図4.4 に示すように，波からエネルギーを得る方法は，図（a）の振動水柱式，図（b）の越波式，図（c），（d）の可動物体式の三つの方式がある[15]。

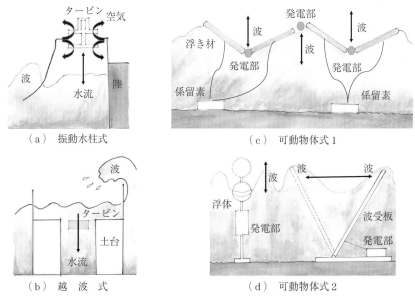

図4.4　波力発電の方式[15]

　振動水柱式は，沿岸部に空気室を設置し，波によって空気室内の空気が上下動する際に生じる流れを使ってタービンを回すことで発電する。そのため，180°変化する流水でも同じ向きの回転を得ることができるウェールズタービンを使用することが特徴である。

越波式は沿岸部にダムを設け，そのダムの壁を波が越えて流入することでダムを満水させ，ダム内の海水を海へ戻す際の流水でタービンを回して発電するので，流水方向は1方向のみであるが，地形や波高に大きく依存するため，研究開発することすら困難な状況である。

可動物体式は，波の上下動に伴って浮揚体を上下動あるいは振り子のように左右に動かすことで，浮揚体と連動した油圧ピストンを動かし，その油の流れでタービンを回して発電する。そのため，波高が大きな沖合に設置する必要がある。

これらの方式は，世界的に研究が進められている段階であり，わが国では振動水柱式と可動物体式が有力であり，欧米ではさまざまな形態の可動物体式が多い。振動水柱式と越波式は沿岸設置であるが，可動物体式は沖合への設置となるので，保全工学的な観点から大きく異なる。沿岸に設置できる型は，強度，施工性，メンテナンス性や送電性などに優れており，建設コストも比較的安価になるが，波高は低くなるために得られる波力エネルギーは低下する。一方，沖合浮体式の場合，海底への係留が必要であるが，波高は高い状態なので波力エネルギーを十分に回収できる。しかし，強度，施工性，メンテナンス性や送電性には難がある。

潮流・潮汐エネルギーは，潮の満ち引きによる流れによって得られる。潮流発電は海底内に設置したタービンの回転により発電し，潮汐発電は沿岸部に設けたダムに満ち潮のときに海水を貯水しながらその流れで発電し，引き潮の際にはダムからの海水を放水しながら発電する。潮の干満は1日で2回あり，両者ともに正反対の流れが生じるので1日に4回発電できる。後者のほうは，干満の差が大きな海域が必要であるが，わが国では適切な場所がほとんどない。この場合，自然の入り江をダムにする必要があり，自然環境への影響が懸念される。

潮流発電は，相反する流れに対応できるタービンを海底に着床設置したタービンを回転させることでエネルギーを取り出す。この相反する流れに対し，前段・後段の二つのタービンと二重回転電機子を組み合わせた相反転式発電機を

搭載した潮流発電ユニットも開発されている。このように，わが国の潮流発電は開発段階であり，実用化を通して自然環境への影響を注視する必要がある。

海洋温度差発電は，暖かい海面の海水と冷たい深海の海水との温度差を利用してタービンを回すことでエネルギーが得られる。佐賀大学海洋エネルギー研究センターの調査によると[16]，海洋における低緯度圏の海面表層 100 m までの水温は 26 ～ 30℃程度に保たれており，逆に水深 600 ～ 1 000 m の水温は緯度に関係なく 3 ～ 7℃程度に保たれている。この温度差を低温で沸騰するアンモニア（NH_3）などを媒体としてタービンを回すのが海洋温度差発電の基本的な原理である。

発電システムには，オープンサイクルとクローズドサイクル，ハイブリッドサイクルの方式があり，海域の環境に合わせて適宜選択される。

まずオープンサイクルは，蒸発器，タービン，発電機，凝縮器から構成され，作動流体は表層の海水を使用するため，作動流体用ポンプは不要である。蒸発器，タービン，凝縮器の中は真空ポンプによって減圧され 26℃程度の海水でも蒸発し，その水蒸気をタービンへ送り発電する。その後，深層水で冷却された水蒸気は，凝縮し真水となって海へ戻される。一方，蒸発器で蒸発できなかった海水は栄養豊富な濃縮水であったり，凝縮器で使用された深層水も栄養価が高かったり，養殖魚の飼料配合時に利用することができる。

クローズドサイクルは，作動流体に低沸点のアンモニアと水の混合液に対し表層水を加熱源として，また深層水を冷却源として用いる技術である。そのため，真空ポンプは不要であるが，作動流体用ポンプは必要となる。クローズドサイクルの場合，表層水と深層水の組成は変わることがないため，そのまま海面表層へ戻されるが，深層水はオープンサイクルと同様に養殖魚用に利用することができる。

最後にハイブリッドシステムは，基本構成はクローズドサイクルであり，作動流体にはアンモニア水溶液を用いる。この作動流体を蒸発させる蒸発器の塩分付着や汚染物の付着による性能低下を防ぐために，オープンサイクルのフラッシュ蒸発器を用いて，表層水から水蒸気だけを取り出して作動流体を加熱

する。

海洋温度差発電は，システムを構成する材料として耐海水性や耐圧性が求められる。特に，深層水の取水管は，$600 \sim 1\,000\,\mathrm{m}$ の深海までのパイプが必要であり，深海での水圧，塩分による腐食・劣化などの対策が必要となる。特に，深層水を確保するには沿岸部には設置できず，沖合に設置する浮体式となる。そのため，生態系への影響や自然環境への影響を注視する必要がある。

さらに，塩分濃度差エネルギーは，海洋の塩水と河川の淡水との塩分濃度差を利用して得られる。地理的に海に面した河口など発電可能な地域は，世界中に存在する。$1\,\mathrm{m}^3$ の海水と $1\,\mathrm{m}^3$ の淡水から得られるエネルギーは，理論的には $1.7\,\mathrm{MJ}$（約 $500\,\mathrm{W\cdot h}$）あり，世界の河川水量から濃度差発電として試算すると $980\,\mathrm{GW}$ のエネルギーが潜在することになる[17]。世界中の水力発電量の $800\,\mathrm{GW}$ よりも豊富なエネルギーであることがわかる[18]。

塩分濃度差発電は，塩分濃度の差を使って位置エネルギーを作り出す浸透圧発電とイオン交換膜を用いて電気化学的に発電する逆電気透析発電がある。両者ともに半透膜やイオン交換膜を利用するだけなので，低環境負荷，かつ設置面積が小さくて済むという利点がある。また，国内エネルギーとして自給可能であり，太陽光や風力などの風況や時間帯に影響されず，安定したエネルギーを得ることができる。さらに，河口付近では市街地に近く電力需要が多いことから送電ロスなどを低減できるので，再生可能エネルギーとして有望視される[18]。

また**浸透圧発電**は，浸透圧を利用し水分子は通すがイオンなどの溶質は通さない半透膜を用いる技術である。この半透膜を介して海水と淡水を隔てると，淡水側から海水側へ水が移動する。約 3.5% の塩分濃度の海水と淡水との間には，浸透圧が約 $2.5\,\mathrm{MPa}$ であるため，海水側の水面は淡水よりも最大 $250\,\mathrm{m}$ まで上昇することになり，この位置エネルギーを利用して水力発電と同等のエネルギーを得ることができる。

最後に，**逆電気透析発電**は，海水から製塩する電気透析の逆反応から得ることができる。電気透析の原理は，陽イオンのみを通す陽イオン交換膜(cation exchange membrane, CEM) と陰イオンのみを通す陰イオン交換膜（anion exchange membrane, AEM）を両電極間に海水を挟むように配置する。両電極に直流電圧をかけると，陰イオンは AEM を通してプラス極側へ移動し，陽イオンは CEM を通してマイナス極側へ移動し，高塩分濃度と低塩分濃度，すなわち塩分濃縮と脱塩が可能となる。逆電気透析発電は，淡水流路と海水流路を CEM と AEM で挟み込む構造とすることで，塩分濃度差を使って発電することになる。この濃度差で生じる電圧は，1 セル当り約 0.1 V であるため，発電システムとするには，数百 〜 数千枚のセルを電極間に配置して数十 〜 数百 V の電圧に上昇させなければならない。

　これは燃料電池と対比すると，燃料電池は各セルに両電極が必要であるが，逆電気透析発電は，1 対の電極間に数千対のセルを配置することが可能であるため，設備の低コスト化が期待できる。しかし，この電極間に数千対の流路を入れるとなると膜間距離は小さくなり，流路部の電気抵抗は小さくなる一方，各流路の溶液抵抗は大きくなる課題がある。

　また，発電コストを低減するには，イオン交換膜の膜抵抗の低減，高起電力が得られる高 1 価イオン選択透過膜の開発，流路汚染を防ぐための物理的な洗浄方法の改善などが求められる。

　このように塩分濃度差発電は自然環境への影響は少なく，現状のプラントや塩田などを利用することができるが，発電システム以外の前処理装置などの補機への外部エネルギーの投入が必要であることや，逆浸透膜やイオン交換膜のさらなる性能向上のための技術開発が必要である。

─ ティータイム ─

　浸透圧発電というユニークなシステムが発案されている。いま，壁（膜モジュール）に仕切られた空間に海水をポンプによって圧力 P〔Pa=N/m²〕，送液量 V〔m³/s〕で流し，河川からの淡水が位置エネルギーによって自然流入（外部から供給されるエネルギーはない）すると，浸透圧の差から膜モジュールにおいて淡水から微量体積 ΔV の水が加わることになり，水車には圧力 P，送液量（$V + \Delta V$）で流れることになる。海水ポンプ動力 PV を差し引くと，$P\Delta V$〔N/m²·m³/s = N·m/s = W〕のエネルギーが発生する。つまり，ポンプで海水を送水し，川から水を入れるだけで浸透圧の原理からエネルギーが発生する仕組みである。実際には，駆動力や摩擦，効率による損失が掛かってくるために，その分のエネルギーロスはあるものの，再生可能エネルギーとして期待できる。

─ ルックバック ─

　自然環境に配慮しながら再生可能エネルギーを導入するための在り方について考えてみよう。

演 習 問 題

　風力発電において出力を2倍にするとき，風車のローター直径，風車重量，およびコストは，それぞれ元の風車の何倍になるかを計算せよ。

5. 生体に影響を及ぼしている環境問題と社会

　生命が太古の地球においてどのように誕生したのかは，いまだ神秘の世界であるが，悠久の時をかけてさまざまな環境変化に耐えるべく進化を続けながら命をつないできたことは事実であろう。ところが，近代の人類の活動は，瞬く間に地球環境を破壊して多くの生物を絶滅に追いやり，ついには自らの生存さえも脅かすほどの威力をもつようになった。本章では，生体に影響を及ぼしている化学物資，および生物濃縮に関する環境と社会について考える。

 ## 5.1 『沈黙の春』から学ぶ

　1962 年『沈黙の春（原題：Silent Spring）』[1)]は，海洋生物学者で作家のレイチェル・カーソン（R. L. Carson, 1937-1964）の著作である。当時，病原菌を媒介したり森林や農作物に被害を及ぼしたりする害虫を駆除（防除）するため世界中で，農薬として有機合成殺虫剤 DDT（dichlorodipheny ltrichloroethane, ジクロロジフェニルトリクロロエタンなど）などが無差別的に大量散布されていた。『沈黙の春』は，これらの農薬がもつ残留性によって地域の生態系が大きく変容したり，短期間のうちに逆に害虫被害が拡大したりしたという数々の事例を詳報した。自然界に存在しないこれらの人工合成化学物質は，分解しにくいという**環境残留性**（environmental residue）に加えて，水に溶けにくくて脂肪に溶けやすいという性質のために，いったん生物の体内に入り込むと排出されずに蓄積が進んでいくという**生体蓄積性**（bioaccumulation）を有する。

　さらには，防除目的の害虫に限らず一帯に生息するあらゆる生物が農薬を浴

びたことで，それらを食糧としていた鳥などの捕食生物も食物連鎖と生物濃縮が繰り返された。この結果，たとえ**急性毒性**（acute toxicity）に襲われる濃度に到達していなくとも，慢性的な症状に苦しめられたり，**染色体異常**（chromosome aberration）などの**遺伝毒性**（genetic toxicity）が発現するなど大きな被害を受けたのである。

　一方で，散布された化学物質に対して生まれつき耐性を有していた害虫の個体群は生き残り，鳥など天敵のいなくなった環境で爆発的に増殖したのである。生物がもつ**薬剤抵抗性**（drug resistance）という神秘である。

　『沈黙の春』は，**図5.1**に示す「化学物質文明」の背景にある「おそるべき力」，「食物連鎖」による「生物濃縮」，「化学物質の健康への影響」がもたらす「遺伝子の変異」，そして「自然の逆襲」から学ぶ「別の道へ」のように整理することができる[2]。

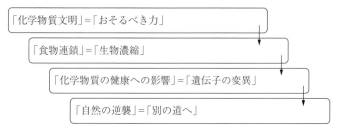

図5.1　『沈黙の春』が警告する四つの観点

　『沈黙の春』に込められた意味は，"このままでは，生命あふれる春の訪れを賑やかに告げる鳥たちは姿を消し，静寂に覆われたうす気味悪い春がやってきますよ"，"やがて生きものは人間も含めてすべて死んでしまいますよ"という警告から"食物連鎖の終着点は，われわれ人間である"ことを科学的な膨大なデータをもとに解析し，注意深く自然を観察した結果から結論した。

　カーソンは，人々の健康を蝕み，生命を脅かし最も大切な遺伝子を傷つける恐れがある猛毒の人工合成化学物質の使用については，深刻な感染症を引き起こす病原菌を媒介する害虫の防除など，真にやむを得ない場合に限定し，それ以外は生物学的防除を利用することを訴えた。食物連鎖の中での生物は，ある

生物からみれば被食者であっても，別の生物からみれば捕食者であるという共生関係にあることで，均衡を保ちながら生息している。この自然そのものに備わる力を利用する方法が生物学的防除である。その方法は，天敵利用，微生物，誘引剤や音，不妊虫放飼などである[3]。

これらのうち，天敵利用については長い歴史があり，特に施設栽培の分野では多くの成功例を収めている[4]。一方，不妊虫放飼については，従来からの放射線照射による方法に加えて，新たに遺伝子操作（DNA組換え）による蚊の防除実験が世界の各地で行われている。蚊は，デング熱，チクングニア熱，ジカウイルス感染症，日本脳炎，ウエストナイル熱，黄熱，そしてマラリアといった深刻な感染症を引き起こす病原菌を運んでくるため，人類との長い戦いが繰り広げられている。

第二次世界大戦では，核兵器のほか，化学兵器（毒ガス）の研究開発も盛んに行われた。戦後の平和利用の中で，前者は原子力発電や放射線利用，後者は有機系殺虫剤（農薬）への転用が図られたのであった。当時は，放射線が生体に及ぼす突然変異などへの関心が高まっていた時代であった。しかし，人間が造り出した合成化学物質の主要目的以外には関心が及んでいなかったため，放射線に勝るとも劣らない恐ろしさがあることを知らしめた。カーソンの警告は，大きな反響を呼び起こし，これをきっかけとしてDDTなどの生産と使用が禁止されるに至った。

さらに，同時期にベトナム戦争においては，猛毒ダイオキシン類（PCDD，PCDF，Co-PCB）を含む「枯葉剤」を大量に散布したのである。これによる自然破壊と人的な健康被害の甚大化により『沈黙の春』をこの世のものとしたといわれている[3]。省みることなく人工合成化学物質の開発競争は激化の一途をたどり，健康や遺伝情報にとどまらず地球環境全体にまで，人為的な行動が招いた脅威が広がっている。カーソンの警告も空しく，1960年代以降，世界各地の魚類，爬虫類，鳥類といった野生生物の免疫系，神経系，そして生殖機能などへの影響が多く報告されるようになり，環境中に存在している物質が生体内であたかもホルモンのように作用して内分泌系の撹乱が生態系に影響を及ぼ

していることが危惧された。環境中にあって，人間を含めた生物のホルモン作用を撹乱する物質を，**内分泌撹乱物質**，または**環境ホルモン**と呼び，1996年内分泌撹乱物質専門家であるシーア・コルボーン（Theo Colbom）らによる『奪われし未来（原題：our stolen future）』[5]で指摘されたことがきっかけとなり，世界的な関心を集めることとなった。

　現在でも多様な物質によるメカニズムの多くが未解明であるが，異常が認められた生物の生息環境中に存在するDDT，PCB（polychlorinated biphenyl，ポリ塩化ビフェニル），TBT（tributyltin，トリブチルスズ），ダイオキシン[†]などの化合物の曝露との作用が報告されている[6)~8)]。

　人工合成化学物質は，自然界で分解しにくいという残留性などが指摘されるが，自然界に存在する天然由来の物質でも生体に悪影響を及ぼすものがあり，ヒ素などの重金属がそれにあたる。人類の文明の進展に伴い，銅，鉛，鉄やレアメタルなどが世界経済を支える重要なマテリアル資源となっている。

　特にヒ素（As）は，生体への毒性がかなり強く，自然界でおもに岩石や土壌中に無機ヒ素として地球上に広く分布していることもあって人類との関わりも長く，水やいろいろな食品を通じて微量ながら誰もが毎日摂取している。無機ヒ素はその強い毒性を利用してかつては殺虫剤やCCA（chromated copper arsenate）系木材防腐剤などとして大量に使われた。CCA系木材防腐剤は発ガン性のある六価クロム，ヒ素を含むため，これが使用された木造住宅を解体した際の建築廃木材が重篤な環境汚染を引き起こすことが懸念されている。

　一方，世界の各地では，自然由来の高濃度のヒ素に汚染された井戸水を知らずに飲用している例もあり，慢性ヒ素中毒のような深刻な健康被害がもたらされている。また，一部の海藻にはヒ素濃度の高いものがあり，著しい偏食は避けるべきとされている[8)~11)]。

　重金属による生体への顕著な影響事例として，これまでに発生した痛ましい

---

　†　ダイオキシン：正式にはダイオキシン類という。ポリ塩化ベンゾパラジオキシン（PCDD），ポリ塩化ジベンゾフラン（PCDF），コプラナーポリ塩化ビフェニル（Co-PCB）などの物質の総称。

公害病を避けて通ることはできない。特にわが国の高度成長期時代に起きた「四大公害病」は，あまりにも有名である。亜硫酸ガスによる四日市ぜんそく，カドミウムによるイタイイタイ病，そしてメチル水銀による二つの水俣病である。その後もさまざまな重金属が，人間や野生生物に直接的なダメージや環境破壊などの問題を引き起こしてきたが，この背景にあるのが現代文明を支える科学技術の発展と地球規模的な拡散である。一方，鉄，亜鉛，銅などは，生命の存在に不可欠な必須元素として知られているが，他の一部の重金属についても必須元素である可能性が高いことが指摘されている。つまり，生命の進化とともに悠久の時を過ごしてきた重金属にはいわゆる薬と毒の両面があるといえる。これが人工合成化学物質との本質的な違いであると思われるが，大量に採掘・精製された重金属がすでに環境中に大量に存在しており，一国で規制しても**越境汚染**（cross-border pollution）によって地球規模的な拡散が進行していることは，生態系に暗い影を落としている [8), 11)]。

━━ ティータイム ━━

1982年，宮崎県延岡市高野町において白アリ防除剤クロルデン（$C_{10}H_6Cl_8$）による地下水汚染が発生し，井戸が長期間使用できなくなった事例がある。現地調査結果から，井戸の汚染は建物外周の土壌加圧注入が原因とわかったが，この報告書は封印され，公表されなかったため，土壌加圧注入処理は続けられ，さらに被害は2件発生した。2012年，廣瀬は，「白蟻薬剤による宮崎県延岡市，串間市の地下水汚染報告（30年目の真実）」[12)] で，この被害事例が忘れられつつあることを警告している。1972年にはすでに 加圧注入用保存剤としてクロム，銅，ヒ素系の木材防腐剤（CCA）が住宅部材，特に土台に使われるようになっており，1982年には多用されていた。特に，六価クロム，重クロム酸カルシウムは皮膚ガンを起こし，ヒ素化合物の毒性は，化合物によって差があるものの非常に危険な物質である。1985年，木材保存剤や保存処理製品の性能評価を行う機関として日本木材保存剤審査機関が設立され，防腐工場のヒ素排水基準が0.1mg/L以下に制限されたり，米国で公園遊具からCCA処理された針葉樹材からヒ素の溶脱が問題視されたりしたため，2007年，日本農林規格等に関する法律（JAS法）から外された。

> **ルックバック**
>
> 　先人の継承を尊び，文明社会における経済的な人間活動が自然環境に及ぼす
> 影響を学び，未来の形を考え，進むべき道を考えてみよう。

5.2　海洋汚染と保全について

　自然に存在する木や石などを使って日々の暮らしを過ごしていた時代から，
化石資源による工業製品を製造し消費–廃棄を繰り返す現代社会において，製
品の規制や管理など多くのケースで問題が顕在化してからの対応が多く，自然
に対し長い時間が経ってからの対策措置を必要とするので解決の糸口すら見え
ないときがある。

　特に，海洋汚染に関わる海洋プラスチック問題などは，各国の取組みの積み
重ねにより海洋プラスチックなどを減少させるという観点から，国内対策はも
ちろんのこと，国際社会が早急に対策・施策を加速的に打ち出すことが不可欠
である。釣り糸やペットボトル，レジ袋などの化学物質は，難分解性，長距離
移動性，生体蓄積性，生体有害性の特徴をもっており，自然環境中で分解され
にくく，河川や海流，風などにより地球内を大規模に拡散し，生体内に蓄積し
やすく，最終的に生体へ有害な被害を与える可能性が大きい[13]。

　このような化学物質は生物に蓄積しやすく，食物連鎖による生物濃縮によっ
て，少ない量であっても，より高次の捕食者の体内に徐々に蓄積していくため，
被害の発見が遅れたり，対処策が見つからなかったり，警告などに留まり，そ
の被害に歯止めをかけにくい状況が懸念されている。特に，**POPs**（persistent
organic pollutants，残留性有機汚染物質）は環境中で分解されにくく，油に溶
けやすい性質があるため，生体の中に取り込まれると脂肪に蓄積され，断続的
にでも摂取し続けることにより体内のPOPsの濃度が徐々に高くなり，赤ちゃ
んに脂肪分の豊富な母乳を与えるような哺乳類では，生まれて間もない赤ちゃ
んがPOPsに曝露され，さらに離乳するまでの期間，曝露され続けるため，生

殖器の異常や奇形の発生，免疫や神経など，体内から障害・疾病を誘発する可能性があることが指摘されているが，発生経路や症状などまだ科学的に未解明の点が多い[14]。

　海洋プラスチック問題では，各国の管理不足，不法投棄などによって，河川，海洋などにプラスチック類が流出し，自然環境の中で食物連鎖を介した生物濃縮によって，小魚がプランクトンを食するように誤食などによってマイクロプラスチックを体内に取り込み，小魚を食べるより大きな魚へと濃度が高くなっていき，さらに上の捕食者である肉食の哺乳類（陸上ではホッキョクグマ，海ではシャチやイルカなど）や鳥類（ワシやタカなど）などに蓄積し，さらには最頂点に位置する人間の体内で最も濃度が高くなることが知られている。

　このような状況に鑑み，世界的な規制として，2004 年に残留性有機汚染物質に関するストックホルム条約（Stockholm Convention on Persistent Organic Pollutants）が発効され，わが国を含む 181 か国および EU，パレスチナ自治区が締結（2020 年現在）されている。この条約は，残留性有機汚染物質から人間の健康と環境を保護することを目的とし，① PCB 等 18 物質（附属書 A 掲載物質）の製造・使用，輸出入の禁止，② DDT 等 2 物質（附属書 B 掲載物質）の製造・使用・輸出入の制限，③ 非意図的に生成されるダイオキシン等 4 物質（附属書 C 掲載物質）の削減などによる廃棄物等の適正管理を定めている[15]。

　図 5.2 に世界の海洋とその関係を示す。海流は，数百〜数千 km の大きな循環性を有しており，厚さも数百 m を超す。また，流れは陸から離れ，海底近くの流れは弱い。このような大規模の流れに働く摩擦力は相対的に非常に小さく，海面は平らではなく，局所的に圧力の水平勾配が存在している。さらに，海流間はつながっており，高低差があるため物質移動を伴っている。

　この大きな海流のすべてにマイクロプラスチックの存在が発見されている。特に，定点定期観測から海流には一定量のマイクロプラスチックが存在し，海流間で移流しているが，その存在量はつねに一定であることも指摘されている[16]。

　図 5.3 にマイクロプラスチックの海洋での形態を示す[17), 18)]。河川，海洋に流出したプラスチック類は，多くの場合，海に比べて比重が小さいため，海上

図 5.2 世界の海洋とその関係

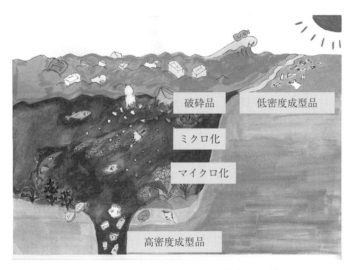

図 5.3 マイクロプラスチックの海洋での形態

を浮流する。浮流するプラスチック類は，波などにより破砕されたり，成型品のまま海岸などに漂着したりすることになる。特に，破砕されたプラスチック類は，比重が大きくなるので，徐々に海底に向かって沈降することになり，さらに，ミクロ化，マイクロ化が進行し高密度化し，サンゴや海底などに定着する。このように，プラスチック類は，海洋において破砕され，沈降しながらあ

るいはサンゴなどに付着した物を小魚などに誤食される。また，高密度成型品は，海洋にある破砕を受けることなく，海底に向かい，海底や海溝に堆積することになる。

したがって，海洋プラスチックは，このような現象が連動し，海流間を移流することにより海岸や海底に集着するため，表層の海流では一定量が分析されたことになる。

河川や海洋に流出したプラスチック類の崩壊分解時間は，釣り糸が約600年，ペットボトルが約400年，レジ袋が約20年とわかっている[18]。このように長い年月をかけて自然崩壊するプラスチック類が海洋の破砕作用によって，マイクロ化し，少なくとも約20年でマイクロプラスチック問題が顕在化していることになる。

これらのプラスチック類の発生源は不明であるが，発生源の一つとして，埋立てからの流出や不法投棄などによる人為的な管理不足が指摘されている。もし，これが事実だとしたら人為的な管理不足から海洋にプラスチック類が流出し，粉砕 ⇒ 沈降 ⇒ 堆積し，食物連鎖により人体に蓄積することは，われわれ自身がしっぺ返しを受けていることにほかならない。

ルックバック

人為的，作為的にかかわらず，自然の循環システムは止まることなく続いていることを理解し，食物連鎖の最上位に位置する人類の姿を考え，自然との共生を実現する礎について考えてみよう。

 ## 5.3　放射能汚染と保全について

ここで，**放射線**（radiation），**放射能**（radioactivity），および**放射性物質**（radioactive substance）の意味を整理する。放射線は，一般的には電離放射線のことを指し，高いエネルギーをもち高速で飛ぶ粒子（粒子線）と高いエネルギーをもつ短い波長の電磁波がある。おもな粒子線としてアルファ線，ベータ

線，中性子線があり，電磁波としてガンマ線とエックス線がある。そして，放射線を出す能力が放射能，放射線を出す物質が放射性物質である。これらを懐中電灯でたとえると，放射線は懐中電灯から出る光，放射能は光を出す懐中電灯の能力，そして放射性物質は光を出す懐中電灯そのものになる。ただし，放射性物質には，懐中電灯のようなスイッチはない。

　放射性物質は，自らを破壊しながら放射能がなくなるまで放射線を出し続けるが，時間とともに放射能が弱まって，最終的には放射線を出さない安定した物質になる。この指標として，放射能の量が半分になるまでにかかる時間を**半減期**（half-life）と呼び，その時間は放射性物質の種類によって決まっている。例えば，2011 年に発生した福島第一原子力発電所事故で大気中に放出された「ヨウ素（I）131」の半減期は 8 日，「セシウム（Cs）137」は 30 年である[19]。

　放射能の強さは，**Bq**（**ベクレル**）という単位で表される。また，人体が受けた放射線による影響の度合いを **Sv**（**シーベルト**），放射線のエネルギーが物質や人体の組織に吸収された量は **Gy**（**グレイ**）という単位で表される。

　放射線による人体への影響は，直接被曝した人の**身体的影響**（somatic effect）と，被曝した人や子孫に突然変異などが現れる**遺伝的影響**（genetic effect）に分けられる。前者はさらに，数週間以内に症状が出る急性障害と，数か月から数年を経てから症状が出てくる晩発性障害に分けられる。また，受けた放射線量とその影響によっても障害は分類され，線量が増加するにつれて重症度が増す**確定的影響**（deterministic effect）と，ガンや遺伝的影響のように線量に比例して発生確率が高まる**確率的影響**（stochastic effect）がある。確定的影響は，放射線を受ける量を閾線量以下に抑えることで，防ぐことができる。

　一方，確率的影響には，閾線量はないと仮定されているが，100 〜 200 mSv（ミリシーベルト）以下の低線量域の確率的影響を疫学的に検出することはきわめて難しい。そこで，2007 年に国際放射線防護委員会（International Commission on Radiological Protection, ICRP）から，低線量域でも線量に依存して影響（直線的な線量反応）があると仮定した線量限度が勧告されてい

る。これらは，原子力事業や医療などで使用される**人工放射線**（artificial radiation）について適用されるものである。平常時では，職業として放射線を扱う人は5年間で100 mSv以下，かつ特定の1年間で50 mSv以下，一般の人は1年間で1 mSv以下である。また，緊急時でも，有意なガンのリスクを避けるために，年間100 mSv以上の被曝をしないという参考レベルも設定されており，福島第一原子力発電所事故後の計画避難地域での避難や緊急救助活動などにおいて，一時的に高い線量限度とする特例措置がとられた。なお，われわれは，宇宙，大地，空気，そして食品などから日常的に放射線を浴びており，**自然放射線**（natural radiation）と呼ばれる。わが国の1人当りの自然放射線量は，年間約2.1 mSvである[20),21)]。

　さて，放射線に対する脅威については，レイチェル・カーソンの『沈黙の春』が示しているように，1960年代には多くの人々の知るところとなっていた。折しも世界の一次エネルギーが，石炭（coal）から石油（oil）へ急速に移行し続けた時代でもあり，高度経済成長期にあったわが国は，中東地域などで大量に生産される安価な石油を大量に輸入していた。そして，第四次中東戦争を契機に勃発した1973年第一次オイルショックのときには，一次エネルギー国内供給の約75.5%を石油に依存するまでになっていた。わが国は，原油価格高騰と石油供給途絶の問題に直面し，"資源小国日本"のエネルギー供給面における脆弱性が露呈した。この反省から，エネルギー源の多様化によってエネルギー供給を安定化させるため，石油依存度を低減させ，石油に代わるエネルギーとして，原子力，天然ガス，そして海外炭などの導入を推進することとなった。その後，イラン革命によってイランでの石油生産が中断したことに伴い，再び原油価格が大幅に高騰した1979年第二次オイルショックでは，原子力，天然ガス，石炭のさらなる導入の促進，新エネルギーの開発を加速させた。これらの施策の結果，一次エネルギー国内供給に占める石油の割合は，2009年には約42%と第一次オイルショック時の1973年度における約76%から大幅に改善され，その代替として，石炭（21%），天然ガス（19%），原子力（12%）の割合が増加するなど，エネルギー源の多様化が図られた[22)]。

　なお，わが国の原子力発電については，2011 年の福島第一原子力発電所事故が発生する前までは，無事故の「安全神話」が幅を利かせていたため[23),24)]，わが国を含めた各国で原子力事故は多発していたにもかかわらず，放射能汚染がその都度発生していたことについては問題視してこなかった。しかしながら，1986 年の旧ソ連チェルノブイリ原子力発電所事故と 2011 年の福島第一原子力発電所事故は，国際原子力事象評価尺度（International Nuclear and Radiological Event Scale，INES）のカテゴリーで「深刻な事故（レベル 7）」とされた。これらは，広範囲に及ぶ健康と環境への影響を伴った放射性物質の深刻な放出により，計画的かつ広域封鎖が必要とされた。そして，放射線影響としてヨウ素 131 と等価となるように換算した値として数万 TBq（テラベクレル，10^{16}Bq のオーダー）を超える値に相当すると評価された結果である[21)]。

　福島第一原子力発電所事故で放出された放射性セシウムなどの放射性物質は，大気，土壌，河川，そして海洋などを汚染し，地域住民の生活や産業に甚大な被害をもたらした。この被害からの復旧・復興における最優先課題の一つが，封じ込め，拡散防止，そして長期の安全確保を原則とした放射性物質の除去（除染）である。例えば農地であれば，放射能の強さに応じて，表土の削り取りや表層と下層の土壌を入れ換える反転耕を行うというものである[25),26)]。

　一方，放射性物質で汚染された農林業系副産物などについては，「放射性物質汚染対処特措法」[†]において，焼却などによって減容化を図り，最終的には放射能の濃度に応じた適切な方法で安全に処分することとされている[27)]。しかし，焼却処理は，焼却後に回収される灰の放射能濃度が濃縮によって高まるため，より厳重な処分方法が必要となる場合がある[21)]。そこで，これを回避する新たな減容化処理として，バイオコークス化が提案されている[28),29)]。これは，石炭コークス代替燃料として開発されたものであるが，処理前後で放射能濃度が変化（濃縮）しないだけでなく，自然発火や放射性物質の溶出の恐れ

　[†]　放射性物質汚染対処特措法：平成二十三年三月十一日に発生した東北地方太平洋沖地震に伴う原子力発電所の事故により放出された放射性物質による環境の汚染への対処に関する特別措置法（平成 23 年法律第 110 号）

がきわめて小さいなどの長期保存性が認められており，放射能減衰後に燃料として利用できる可能性（エネルギータイムカプセル構想）を示した。

━ティータイム━

　放射線は，われわれの目で直接見ることができないが，飛行機雲ができる原理を利用すると，その飛跡を可視化することができる。これは，過飽和状態のアルコール蒸気中を放射線が通過すると，それが核となって放射線の通過経路でアルコール蒸気が凝結して霧となって現れる現象を使用するもので，この環境を作り出す装置を霧箱と呼んでいる。**図1**に，身近な部材で製作した霧箱の概観を示した。霧箱の本体は，スポンジケーキ用の耐熱ガラス容器とし，ガラス容器内側の上縁近くに貼り付けたすきまテープ状スポンジに消毒用アルコールを含ませ，ガラス容器の上縁を料理用ラップフィルムで封をする構造とした。ガラス容器内側の底面には，放射性物質をわずかに含む日用品であるランタン芯を針金のスタンドに取り付けて置いた。放射線の飛跡の可視化をするためには，過飽和状態の形成と霧箱内部の雑イオン排除がポイントとなる。そこで，粉状に砕いたドライアイスでガラス容器外側の底面を均一に冷却し，静電気を帯電させた塩ビ製パイプでラップフィルムの上空を数回移動させて，ガラス容器内の雑イオンを取り除くように努めた。**図2**に，撮影に成功した放射線の飛跡の可視化例を示した[30]。

図1　霧箱の概観　　　　　**図2**　可視化された放射線の飛跡の例

━ルックバック━

　核エネルギーの平和利用は，世界の悲願である。核エネルギー開発と社会の在り方を考え，未来の核エネルギーの平和利用について考えてみよう。

演 習 問 題

　物質移動は，自然界において重要な仕組みである。特に，温度勾配，濃度勾配による質量輸送，物質拡散を理解することは重要である。いま，ある空間に正の温度（濃度）勾配があるとき，その途中に存在する物質に働く力の方向について説明し，その理由を述べよ。

6. 地球環境保全に向けた環境と社会

　地球環境保全に向けた環境と社会の在り方を考えるうえで，プラスチック製品などの３R†システム，ゼロエミッション，マテリアル循環とエネルギーの関わりについて知ることは，新しい社会基盤を実現するうえで重要な礎となる。大量生産・大量消費・大量廃棄型の経済活動を続けてきたわが国では近年，年間約４億トンという膨大な量の廃棄物が排出されており，近年，最終処分場の逼迫や不適正処理に伴う環境への影響とともに，鉱物資源の将来的な枯渇も懸念されている。このような環境制約と資源制約への対応が経済成長の制約要因となるのではなく，むしろ新たな経済成長の要因として前向きにとらえ，環境と経済が両立した新たな経済システムを構築することが急務となっている。この適切な環境制約・経済制約への対応によって，持続的・発展的な経済社会活動を続けることが可能であるといえる。

 ## 6.1　マテリアル循環とエネルギー

　わが国では資源有効利用促進法をはじめとするリサイクル関連法の整備により，環境制約，資源制約を克服するために積極的に取り組んできている。法制度と施策により，現在，排出者責任の考え方のもと，各製造事業者は廃棄物の発生抑制（リデュース），製品・部品などの再使用（リユース），使用済み製品などの原材料としての再利用（リサイクル）といったいわゆる３Rの円滑な推進を図り，天然資源の投入の抑制と環境負荷の低減を目指した取組みを行っている。リサイクル製品または易リサイクル製品の市場での利用量をより増大さ

---

　†　３R：リデュース（reduce），リユース（reuse），リサイクル（recycle）

せる必要があり，リサイクルのいっそうの進展のため，市場で利用されるような
リサイクル製品または易リサイクル製品を開発し，その需要を拡大させることが急がれている。リデュース，リユースについても，部品性能の向上などにより製品開発段階における適応性を高め，需要の拡大を図ることが必要である。また，廃棄物の回収やリサイクル品を市場へ出していくための社会システムとしての新しい仕組みも必要となる。

　具体的に3Rシステムの定義を示すと，つぎのとおりである[1]。

① reduce（リデュース）：製品を作るときに使う資源の量を少なくすることや廃棄物の発生を少なくすること。耐久性の高い製品の提供や製品寿命延長のためのメンテナンス体制の工夫などの取組み。

② reuse（リユース）：使用済製品やその部品などを繰り返し使用すること。その実現を可能とする製品の提供，修理・診断技術の開発，リマニュファクチャリングなどの取組み。

③ recycle（リサイクル）：廃棄物などを原材料やエネルギー源として有効利用すること。その実現を可能とする製品設計，リサイクル技術・装置の開発，使用済み製品の回収などの取組み。

　一方，世界的な取組みとして，1992年にリオデジャネイロで開催された「国連地球サミット」では，環境の保全と経済発展を統一し，「持続可能な発展」をいかにして実現するかが議論され，その結果，具体的な行動計画を定めた「アジェンダ21」が採択された。このことを受け，国際連合大学（United Nations University, UNU）は，1994年世界で初めて「ゼロエミッション」という構想を提唱した。その考えは，人間の活動から発生する排出物を限りなくゼロにしながら最大限の資源活用を図り，持続可能な経済活動や生産活動を展開する理念と手法を指す[2]。

　すなわち，大量生産，大量消費，大量廃棄の時代から適正生産，適正消費，ゼロエミッション（廃棄物ゼロ）時代へのパラダイムシフトの必要性を唱えている。

　ここで，われわれの生活の中で身近にあるペットボトルを例に取り，3Rシ

ステムの在り方とエネルギーについて考える。

　まず，**図 6.1** にペットボトルのリユースを想定したエネルギーの流れを示す。商品として販売され，回収されたペットボトルは，洗浄し，抗菌し，検査後，ペットボトルとして再利用される。この流れは，ビール瓶などでは，その取組みがあり，デポジット制度などを活用し，このリユースサイクルを進めている。わが国では，ビール瓶などがリターナブル瓶として循環型社会の実現に向け取り組まれている。大きなハードルは，このリユースサイクルを実現するには，回収・運送エネルギー + 無害化処理エネルギー + 抗菌化処理エネルギー + 分析エネルギー + 重量物運送エネルギーなど，外部から新しいエネルギーを投入する必要がある。

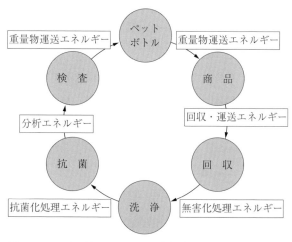

図 6.1　ペットボトルのリユースを想定したエネルギーの流れ

　つぎに，ペットボトルのリサイクルを想定したエネルギーの流れを**図 6.2** に示す。商品として販売され，回収されたペットボトルは，分別する必要がある。分別されたペットボトルを粉砕，溶融すると，単量体（モノマー）として原料となり，再ペットボトル化や服などの商品を作ったりして，サイクルを形成する。ペットボトルを含むプラスチックは，高分子化合物（ポリマー）であり，単量体（モノマー）が重合して繰り返す構造となっている。高分子化合物

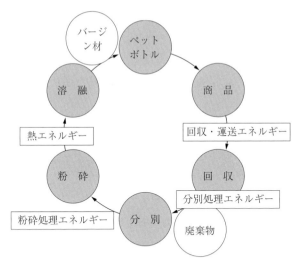

図6.2 ペットボトルのリサイクルを想定したエネルギーの流れ

（ポリマー）とは，石油，天然ガス，石炭といった天然炭素資源をおもな原料とし，炭素（C），水素（H），酸素（O），窒素（N），塩素（Cl）などの原子を，鎖状や網状に連結した高分子（ポリマー）に合成し，さらに単量体（ポリマー）を主体として，充填剤，補強材などを配合して得る材料のことを指す[3]。

　このサイクルを実現するには，分別処理エネルギー ＋ 粉砕処理エネルギー ＋ 熱エネルギーなどの外部からの新しいエネルギーの投入が必要となる。さらに，大きな課題は，回収・分別時にサイクル化できない劣化したペット材が混入している場合，溶融後の再形成時に，その混入分だけ原材料が少なくなるので，劣化を抑えるためにバージン材の補填が必要となる。

　さらに，ここでは新製品とリサイクル製品の違いからリサイクル製品の普及のための課題を考える。まず質的には，どうしても再生材料からの再形成なので材質の劣化があり，新製品≫リサイクル製品となる。また価格的には，サイクルを実現するためのエネルギーや人件費などが加算されるので，新製品≪再生製品となる。さらに，需要の観点からは，新製品を好む傾向にあり，新製品≫リサイクル製品とならざるを得ない。

このような事例は，紙のリサイクル商品で表面化しており，2007年に大手製紙会社が，「古紙100%の再生紙を廃止」とし，再生紙の品質の劣化と古紙100%の再生紙を製造する際，化石燃料（石油・石炭）の消費量が増加するために古紙100%にこだわらず，用途に応じて最適な古紙配合率を決める必要があるとしている。

さらに，このような取組みとは別に，プラスチックそのものを再生マテリアル材に置き換える取組みがある。バイオプラスチックとは，微生物によって生分解される「生分解性プラスチック」およびバイオマスを原料に製造される「バイオマスプラスチック」に区分できる。

バイオポリエチレン（baiopolyethylene，**BPE**）は，おもに糖を原料として発酵法で製造されている。糖からバイオエタノールが製造され，脱水，重合を経てBPEが製造される。**バイオポリプロピレン**（baioporipropylene，**BPP**）についても，発酵法による製造プロセスの開発が進められている。さらに近年，既存の化学工業プロセスに使用される石油化学原料を，廃食用油やトール油（紙パルプ製造の副生成物）などのバイオマス由来の油脂を原料に部分的に置き換えることでBPE，BPPを製造するプロセスの開発が進められている[4]。

ルックバック

脱・化石プラスチックの循環型社会を実現するための施策を学習し，未来の形を考え，進むべき道を考えてみよう。

　　　6.2　環境保全とISO　　　

本節では，環境保全と国際標準化機構（International Organization for Standardization，ISO）の意義について学習し，ISO，PDCA（plan（計画），do（実行），check（評価），action（改善）），環境マネジメントシステムの在り方について考える。ISOとは，スイスのジュネーブに本部を置く非政府機関である。ISOのおもな活動は国際的に通用する規格を制定することであり，ISOが

制定した規格をISO規格という。ISO規格は，国際的な取引をスムーズにするために，何らかの製品やサービスに関して「世界中で同じ品質，同じレベルのものを提供できるようにしよう」という国際的な基準であり，制定や改定は日本を含む世界165か国（2014年現在）の参加国の投票によって決まる。

また，製品そのものではなく，組織の品質活動や環境活動を管理するための仕組み（マネジメントシステム）についてもISO規格が制定されている。これらは「マネジメントシステム規格」と呼ばれ，品質マネジメントシステム（ISO 9001）や環境マネジメントシステム（ISO 14001）などの規格が該当する。

図 6.3 に商品開発・製造に関わる基本的なPDCAサイクル（plan-do-check-act cycle，PDCA cycle）を示す。ISOの基本的な構造は，PDCAと呼ばれ，① 方針・計画（plan），② 実施（do），③ 点検（check），④ 是正・見直し（act）というプロセスを繰り返すことにより，環境マネジメントのレベルを継続的に改善する自主行動にある。このシステムは，半永久の持続的な品質管理システムとして取り組まれる自主的な行動が規範となり，協調性のある国際標準規格としたフレームワークである。フレームワークとは，目的に対し共通の道筋となるロジックにより，意思決定，点検・分析，問題解決，立案などの枠組みのことを指す。

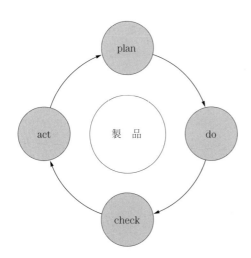

図 6.3 商品開発・製造に関わる
基本的なPDCAサイクル

特に，ISO 14001 は，サステイナビリティ（持続可能性）の考えのもと，環境リスクの低減および環境への貢献を目指す環境マネジメントシステムの規格で，企業のみならず商店や大学などにおいても通用するシステムとして取り組まれている。この ISO は，エビデンス（証拠）を明文化し，意識づけを行い，第 3 者機関による厳正な検証と認証に基づいている。

ISO には，再生可能エネルギーである固体バイオエネルギーを議論する TC 238（Solid biofuels）がある。わが国のこの標準規格化への対応は，EU 諸国に比べて乗り遅れている感を免れない。特に，バイオマス発電などの普及・拡大を図るうえで安全・安心な設計，設備，システムなどが必要であり，国際規格に沿った対応が急務となっている [5), 6)]。

遅ればせながらもバイオエネルギーの利活用の広がりは，2012 年にスタートした固定価格買い取り（feed-in tariff，FIT）制度（経済産業省・資源エネルギー庁）に基づく国策によるところが大きい。しかし，この間に国内バイオマス資源利用を振り返ると，チップ燃料は約 10 倍の消費量に増量されているが，それぞれの事業における供給規模が小さく，海外からのバイオ燃料輸入量と比べると，創設当初の狙いである里山の復興，国内林業の活性化が進んでいるとはいいがたい現状にある。ここでは，国内のバイオマス事業の現状から固形バイオ燃料の規格の必要性について説明する。

FIT 制度におけるバイオマス事業の広がりは，経済産業省・資源エネルギー庁の詳細な公表データから窺える [7)]。2012 年度からの統計データとして経過年数に対する対象となる水力，風力などの再生可能エネルギーの導入実績を**図 6.4** に示す。左軸が年代ごとの各月の各総買い取り金額とそれに対応する各総買取り電力量を示す。図から，各再生可能エネルギーともに，バウンドしながら右肩上がりに導入量が増えており，バイオマス発電は，気候変化による影響を受けにくいので，比較的少ないバウンド量で推移していることがわかる。この FIT 制度の特徴は，事業者から各電力会社が固定価格で買い取り，各家庭の電気料金に再生可能エネルギー賦課金として徴収し，賄う仕組みである。国民への負担は，最高で約 4 兆円まで増えると見込まれている。再生可能エネル

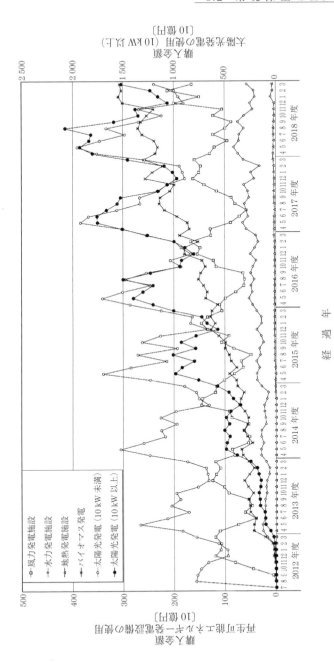

図 6.4　経過年数に対する総買取り電力量と総買取り金額の経緯

ギー賦課金の特徴は，全国一律の単価になるよう調整され公平性が担保され，再生可能エネルギーによる電気事業社に届く仕組みとなっている。再生可能エネルギーによる電気供給が進めば，エネルギー自給率が向上し，化石資源への依存度の低下につながり，輸入燃料価格変動によるリスクを回避できるという国民全体のメリットが生まれる。

経済産業省では，FIT 制度からの自立策として，現行 FIT 制度の下で，下記①〜③の取組みによって発電コストを低減していき，2030 年に向けガス火力発電並み（kW·h 当り 10 円台半ば）の売電価格を達成し FIT からの自立を目指すとしている。さらに，CO_2 フリーの電源として，再生可能エネルギーの付加価値の追求，熱電併給の取組み，安定電源としての容量市場の活用について，以下のようなことを議論している。

① 燃料費の低減：バイオマス燃料の需要増加によるバイオマス燃料市場の成熟（国産材の活用：長寿樹木の燃料活用と早生樹への植え替えなど），新燃料の導入による燃料間の競争

② 発電効率（送電端）の向上：大規模化，運転技術の向上，所内率の抑制，IoT（internet of things，モノのインターネット）／AI（artificial intelligence，人工知能）の活用による最適化など

③ 建設コストの低減：オリンピック，リニア需要による建設コスト高止まりの解消など

さらに，地域貢献と林業活性化においては，現状で海外からの PKS（palm kernel shell，パーム椰子殻）などの固体バイオ燃料保管の大型施設が主流になっており，今後の国産材の供給体制整備と供給量増加に伴い，徐々に国産材の比率を上げていき，地域経済・林業への貢献度を高めていくことが重要なポイントになるとしている。

このような状況に鑑み，早急に国際規格の重要性を十分に認識することが求められている。固体バイオ燃料の国際規格（ISO）の専門委員会 TC 238（solid bio-fuels）には，下記に示す六つのワーキンググループがあり，固体バイオ燃料の用語，仕様と等級の分類，試験方法，試料サンプリングと試料調整，安全

性に関する標準化が検討・審議され，毎年1回の定期会議が各国持ち回りで開催され，市場の動向に応じて修正される。

ISO/TC238/WG1　用　語

ISO/TC238/WG2　燃料の仕様と分類

ISO/TC238/WG4　物理的・機械的試験方法

ISO/TC238/WG5　化学的試験方法

ISO/TC238/WG6　試料サンプリングと試料調整

ISO/TC238/WG7　固体バイオ燃料の安全性

また国内では，国立研究開発法人森林研究・整備機構 森林総合研究所が先導し，固体バイオ燃料国際規格化研究会が2019年に設立され，産官学が一体となって固体バイオ燃料国際規格化が建設的に進めている[6]。本研究会の設立趣旨は——「わが国では，2002年のバイオマス・ニッポン総合戦略，2012年の再生可能エネルギー電力の固定価格買い取り価格制度（FIT）などの施策によって，バイオマスを薪，チップ，ペレット，木炭などの固体バイオ燃料に加工し，熱や電力に利用する動きが着実に増している。特にFIT導入以降は固体バイオ燃料の輸入が劇的に増加しており，木質ペレット燃料を例に取ると2018年には100万トン（国内生産量の約8倍）に達している。また，国内では新たなバイオマス燃料としてバイオコークスやトレファイド燃料などの開発も進められている。しかしながら，標準規格化された固体バイオ燃料に基づく燃焼機器/プラント設計などが十分になされている環境は整っておらず，経済指標による市場動向に左右される状況となっている。そのような中，消費者が固体バイオ燃料を安心・安全に利用するには，共通の基準やルールのもとに，品質を担保した燃料が生産され，災害や事故が起きにくい，あるいは最大限に防ぐことを想定した安全・保全設計のルール作りなど安全確実に取り扱われることがきわめて重要である（設立趣意から一部抜粋）」——。

特に，飛躍的に増加するバイオマス発電に伴う不慮の事故が多発しており，試運転中のタンク爆発，火災事故などが挙げられ，社会問題になりつつある。エネルギーの安定供給と大量消費とは，同時解決することが望ましいが，それ

はとても難しく，安全かつ安心なバイオエネルギー社会を迎えられるよう努力する必要がある。

┌─**ルックバック**─────────────────────────┐

世界標準規格であるISOの意義と理念を学習し，未来のあるべき環境保全の姿を考え，世界と協調して発展する社会を形成する礎について考えてみよう。

└──────────────────────────────────┘

 # 6.3 法 工 学

サイエンスにおける環境と社会を築くうえにおいて，公平で中立な考えに立脚して技術開発を進めことが重要である。本節では法工学，社会的責任，技術者倫理の必要性と意義について考える[8]。

2003年に国際的に見ても独自性の高い先駆的な試みとして，工学・技術と法学・法律との両分野にまたがる文理融合の研究領域である「法工学」が日本機械学会から提唱された。法工学は，社会にとって望ましい方向に技術を誘導するという見地から，法律が果たす役割に着目して技術と法律の境界領域を研究対象とするもので，既存の部門では対象としていなかった新しい学際的な研究領域を開くものである。

図6.5に社会における法工学と科学・工学の位置づけを示す。われわれの生活には，法律と科学・工学がきわめて近い位置で存在している。科学・工学は，人類の幸せを最大限に得るために自然を究める学問であるのに対し，法律は，人類が公平に生きていくために作った規約文書の解釈に基づき，裁いた

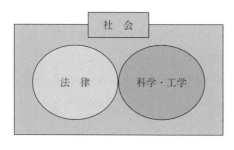

図6.5 社会における法工学と
　　　　科学・工学の位置づけ

り，弁護したりする学問であるため決して交わることのない位置関係にあるが，交わることなく限りなく接している点が法工学の領域である。

　われわれが，技術の研究・開発，製品の製造・開発に携わったとき，科学者として技術者として，技術の安全性・技術者の社会的責任はどこにどこまであるのか，新しい技術開発と法的責任の関係とは何なのか，事故防止に対する業務上過失処罰の有効性とは何なのか，技術開発と知的財産を守りながらいかに発展するのか，など，社会で働く一員として，考えなければいけない試練や役目がある。

　将来，技術開発の方向として，IoT 技術や人口知能などを活用した物づくりがある。ここでは，これらの技術による無人での事故を想定し，その課題を考える。無人での作業，搬送，運転など起きる事故や災害において，責任の所在はどこにあるのか。ユーザサイドからは，システムの不具合や突発的な誤動作が原因と指摘するかもしれない。しかし，製造サイドからは，システムの正常動作，安定したシステムの動作を科学的に証明することになる。しかし，無人で動くソフトウェア，制御装置などの動作確認や安定性などを過去に遡って証明する手段があるのだろうか。科学者・技術者が技術開発をするうえでの社会的責任として，このような課題が後追い状態になる傾向にあり，法工学の台頭を期待するところである。

　法工学の向かう先は，どこなのであろうか。地球温暖化，廃棄物処理，地下水汚染，道路公害など技術が関わるさまざまな社会的問題は，従来のように，法制の検討と技術開発の検討を別個に行っていく手法が被害の拡大防止という面から許されなくなっている。こうした問題に関しては，法的枠組みと技術的枠組みの調和を図った合理的かつ効果的な法体系ならびに技術体系の融合が迫られている。

━━ ティータイム ━━

　わが国には，「バイオマス・ブーム」と呼ばれる流行が約 20 年周期で訪れるようである。1970 年代のオイルショックから木質バイオマスが脚光を浴びたが下火になり，2000 年くらいに再来している。この灯が燃えさかるよう，灯が消えないよう多くの国民，事業者，研究者たちが取り組んだが，化石資源との競合の中で静かに小さくなっていった。政府の後押しもあって 2020 年くらいに再々来しているが，期間限定の政策のため，スタート直後から破綻が懸念された。その中でわが国は，国際標準規格化会議である ISO/TC 238（Solid biofuels）へ再登録し，国際会議への参加を再キックオフしたことは意義がある。しかし，国際社会におけるビジネスにはロビー活動があり，実際にこの国際会議に参加した所感として，各国から集結する企業，研究機関の委員との意見交換の前に，再登場の新参者がいかに人間関係を築けるかの課題をクリアーする必要があるように思えた。異なる文化，異なる慣習の中で，日本語とは異なる発音や異なるイントネーションをもつ，英語という国際標準語を聞き分けるというグローバル社会の一員としての素養が必要となることは間違いない。

━━ ルックバック ━━

　技術者の社会的責任に関し，科学研究とは何か？　技術開発とは何か？　を多角的にとらえ，法工学の理念を学び，その意義を考えてみよう。

演 習 問 題

　近い将来，IoT 技術を活用した無人運転や自動運転が必要な時代に突入する。自動運転での社会受容性について述べよ。

7. エネルギー資源を取り巻く環境と社会

　石油資源は，社会の成長を支え，発展の基盤となっている。その重要性が認識されたのは，1970年代のオイルショックであり，これを機にエネルギー備蓄が始まった。1970年代に「トイレットペーパーがなくなる」という噂が国内に出回り，紙の争奪が一部の市場で起きた。1945年の第二次世界大戦終戦後，わが国は高度成長期に突入したが，1951年のサンフランシスコ平和条約締結や1956年の国連加盟を果たし，国内の経済発展とあいまって，海外との有効な関係を築きつつあり，その当時の国民意識として地球のエネルギー資源は半無限であり，エネルギー資源の枯渇は視野に入っていなかった。さらに，1964年の東京オリンピック，1970年の日本万国博覧会（大阪万博）が国際交流を加速し，エネルギーについては海外から無限に輸入できると信じる風潮があったが，オイルショックによる原油が届かなくなる衝撃で眼を覚ました。さらに，1990年の湾岸戦争を機にエネルギーの争奪時代が現実化し，エネルギー備蓄の議論が加速することになる。本章では，持続可能な社会を支えるエネルギー備蓄について，地上および地下備蓄，および海上備蓄の現状を学び，エネルギー備蓄の重要性を考える。

 ## 7.1　エネルギー備蓄

　1970年以降にエネルギー備蓄は，石油，石炭，天然ガスなどの主要な化石資源に対し，地質学的な適地検証，災害などの備蓄安全性，国際情勢による政治性，備蓄のための経済性などさまざまな観点から検証が行われた。特に，石炭は自然着火による火災が発生するので安全性が担保されず，また天然ガスは液化温度111K（−162℃）で搬送されるため，保管維持のエネルギー消費が経済的な困難を生み，備蓄に向いていない。したがって，わが国では各国でさ

まざまな取組みがなされている石油備蓄が唯一の候補となるが，地質学的に不利な状況にあり（岩塩層が存在しない），自然を活用したエネルギー備蓄はほぼできないことがわかっている。限られた条件から，ほぼ陸上型貯蔵施設による石油備蓄に頼らざるを得ない不利な状況にある [1]～[3]。

世界の石油備蓄は，1940年代に建設されたスウェーデンにおける岩盤タンク方式がその始まりで，土地の有効利用，環境保全，安全性，経済性などが評価され，欧米では積極的に採用されている備蓄方式である。地下備蓄の方式では，① 廃坑，② 採石跡などの地下空洞を利用するものや岩塩層を溶かして地下空洞を作り出すもの，③ 鋼製貯槽を埋設するもの，④ 岩盤を掘削して地下空洞を作り出すもの（岩盤タンク方式）がある。わが国では地質条件により①および②は不可能であり，③はガソリンスタンドの地下タンクなど小規模なものに適用されている。④は現在，横穴式トンネルに貯蔵される油を周辺の地下水圧力で封じ込める横穴水封岩盤タンク方式の実証プラントを建設して，その実用化が検討されている。

わが国のエネルギー備蓄の歴史を追うと，下記のとおりである。

- 1972年：経済協力開発機構（Organisation for Economic Co-operation and Development，OECD）の備蓄増強勧告を受けて，行政指導に基づく民間備蓄を開始（60日備蓄増強計画）
- 1974年：オイルショックを契機として，90日備蓄増強計画を策定。国際的には同年に IEA（International Energy Agency，国際エネルギー機関）設立および IEA による備蓄制度開始
- 1975年：石油備蓄法を制定し，民間備蓄を法的義務化（90日）
- 1978年：審議会報告において，90日を超える分については国家備蓄を検討され，国家備蓄を開始
- 1987年：審議会報告において，国が IEA 義務90日相当である 5000万 kL を保有することとされ，民間備蓄は備蓄義務を90日から70日まで縮減。
- 1993年：民間備蓄は70日まで縮減し，以降，同水準を維持している。1998年に国家備蓄は 5000万 kL を達成，以降，同水準を維持しているが，

　2011年の東日本大震災などが影響し，徐々にではあるが減少傾向にある。

　わが国の石油備蓄は，国が保有する「国家備蓄」，石油備蓄法に基づき石油精製業者などが義務として保有する「民間備蓄」，UAE（United Arab Emirates, アラブ首長国連邦）およびサウジアラビアとの間で2009年以降開始した「産油国共同備蓄」で構成される。原油輸入における中東依存度は高く，2020年で約86％であり，中東情勢の不安定化などによる原油調達の不確実性が高い状況にある。わが国における石油製品需要は減少が見込まれているが，石油輸入における中東依存度の高さや供給途絶リスクを踏まえれば，万全の備えを維持していくべきであり，わが国は有事における国民生活を支えるため，現状の石油備蓄水準の維持を図っている。

　1978年から開始した石油備蓄目標では，産油国共同備蓄の1/2と併せて輸入量の90日分程度（IEA基準）に相当する量を下回らない水準を目指している。民間備蓄においては，1975年に石油備蓄法を制定（2011年に「石油の備蓄の確保等に関する法律」に改正）し，石油精製業者，特定石油販売業者および石油輸入業者に1993年度以降消費量の70日分を義務づけている。さらに産油国共同備蓄では，国内の民間原油タンクを産油国の国営石油会社に政府支援のもとで貸与し，東アジア向けの中継・備蓄基地として利用しつつ，わが国への原油供給が不足する際には，原油タンクの在庫をわが国向けに優先供給する事業による危機管理を行っている。

　特に国家備蓄は，資源・エネルギーの安定供給確保の観点から石油天然ガス・金属鉱物資源機構（Japan Oil, Gas and Metals National Corporation, JOGMEC）がその任を負い石油備蓄のほか，天然ガス，金属鉱物，石炭および地熱の供給に向け，資源国の政府，政府関係機関ならびに国内外関係企業と積極的に連携を図り，推し進めている。その一つである北海道苫小牧東部国家石油備蓄基地を図**7.1**に示す。この施設は，世界最大級の地上タンク方式の備蓄基地であり，備蓄量約640万kLを誇り，わが国の消費量の約11日分が備蓄されている。このほか，地上・地中タンク方式により青森（約570万kL），秋田（約450万kL），福井（約340万kL），鹿児島（約500万kL）に，洋上タンク方式

図7.1　北海道苫小牧東部国家石油備蓄基地（JOGMEC）

により福岡（1996年世界最大の洋上備蓄基地で約560万kL），長崎（約440万kL）に，水射式地下岩盤タンク方式により岩手（約175万kL），愛媛（約150万kL），鹿児島（約175万kL）に備蓄されている。

このほか，液化石油ガス（liquefied petroleum gas，LPガス）の国家備蓄は，輸入量の50日分程度に相当する量の備蓄を目標として国家備蓄基地5基地（七尾基地（石川県），福島基地（長崎県），神栖基地（茨城県），波方基地（愛媛県），倉敷基地（岡山県））で備蓄している。LPガス民間備蓄は，1981年に石油備蓄法が改正され，LPガス輸入業者に対し，年間輸入量の40日分に相当する備蓄を義務づけている。

ルックバック

　エネルギー備蓄の歴史を学習し，国家存続の基盤となるエネルギーの位置づけについて考えてみよう。

　　　## 7.2　バイオエネルギー　　　

　本章では，持続可能な再生可能エネルギーとしてのバイオエネルギーの基礎特性について，生合成および人工光合成をもとに考える。

　図7.2に発生源の異なるバイオマス資源を示す。バイオマス資源には，その生成によって，さまざまな特徴がある。バイオマスといえば，木などの木本

木本系バイオマス
間伐材, 流木, 枝葉など

草本系バイオマス
河川敷草, イタドリ, 芝など

農業系バイオマス
調整野菜, とうきび皮,
そば殻など

食品系バイオマス
加工残渣, パンの耳,
食品ロスなど

厨芥系バイオマス
珈琲滓, お茶滓, 搾り滓など

都市型バイオマス
街路樹, 廃棄衣料, 雑紙など

図 7.2　発生源が異なるバイオマス資源

系バイオマスをイメージするが, 河川敷などに生育する草本系バイオマス, 農業で生産される農業系バイオマス, 食品系バイオマス, および飲料メーカーの厨芥（ちゅうかい）バイオマスなどがあり, さらに緑のある街づくりでは都市型バイオマスがある。

　特に, バイオエネルギーの原料として食料と競合しないように, 廃棄物としての観点から区分すると, 木本系バイオマスでは, 幹部は木材として利用するので樹皮などが廃棄され, 草本系バイオマスでは, ひまわりの観賞後に種や茎枝葉などが廃棄され, 農業系バイオマスでは, 米生産から稲わら, もみ殻などが廃棄され, 食品系バイオマスでは, 豆腐生産からオカラなどが廃棄され, 厨芥バイオマスでは, 珈琲滓（かす）や茶滓などが廃棄され, それぞれ資源の対象となる。

　なかでも, 近年問題となっているのが, 食品廃棄物（食品ロス）である。加工時の余剰食材, 売れ残りの食材, 食べ残し食材, さらには賞味期限切れ食材などがバイオマス資源して廃棄されており, これらの資源の有効活用が期待されている。

　つぎに, バイオマス資源の成長量について考える。バイオマス資源は, 太陽エネルギーを起源とする生合成によっている。生合成の特性は, つぎのとおり

である[4]。

- 太陽エネルギーの $0.4 \sim 0.7\mu m$ の可視光線を利用
- 全長 $5\mu m$ の葉緑体が生合成
- 水と大気中の二酸化炭素を吸収して炭水化物を合成
- 酸素を排気する機能

生合成に代表されるグルコース（$C_6H_{12}O_6$）を生産する光合成の過程では，炭素（C）に水素（H）と酸素（O）からなる三つの原子の組合せから構成される資源である。代表的な生成成分としてのセルロース（$C_6H_{10}O_5)_n$ の化学式を式（7.1）に示す。その構造は，コヒーレントな平面構造を有しており，重合度の大きい高分子に分類される。

$$6\,CO_2 + 12\,H_2O = C_6H_{12}O_6 + 6\,O_2 + 6\,H_2O + Q \tag{7.1}$$

光合成の仕組みは，つぎのとおりである。

- 光エネルギーによる水の分解
- 電子伝達系反応による NADPH（nicotinamide adenine dinucleotide phosphate, ニコチンアミドアデニンジヌクレオチドリン酸）の生成
- 電子伝達系と共役した光リン酸素反応による ATP（adenosine triphosphate disodium trihydrate, アデノシン三リン酸二ナトリウム水和物）反応
- ATP と NADPH を用いて行う炭素固定

からなり，太陽エネルギー 4.3×10^{20}〔J/h〕からこれらの各変換を介して最大光合成総合効率約 7.2% 相当のバイオマス資源を生成する。実植物平均生産量では，乾燥重量換算して年間 1 ヘクタール当り 10 トンを得ることができる。

このようにして得られるバイオマス資源を熱エネルギーとして利用する場合を考える。図 **7.3** にバイオマスに含まれる元素成分による熱エネルギーの特性を示す。通常，バイオマスを放置していると，気乾湿度に近づくので，約 0 ～ 10 重量％ の水分を有する。バイオマスの燃焼は，揮発成分として一酸化炭素（CO）や水素（H_2），メタン（CH_4）などが気体燃焼し，固定炭素がチャー

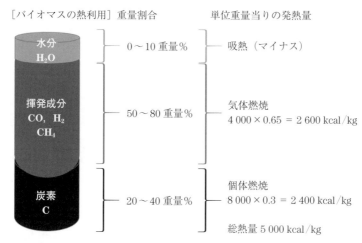

［バイオマスの熱利用］重量割合　　　　単位重量当りの発熱量

水分　　　0〜10 重量%　　吸熱（マイナス）
H$_2$O

揮発成分　　50〜80 重量%　　気体燃焼
CO，H$_2$　　　　　　　　　4 000 × 0.65 = 2 600 kcal/kg
CH$_4$

炭素　　　20〜40 重量%　　個体燃焼
C　　　　　　　　　　　　8 000 × 0.3 = 2 400 kcal/kg

　　　　　　　　　　　　　総熱量 5 000 kcal/kg

図 7.3 バイオマスに含まれる元素成分による熱エネルギーの特性

（char，残炭）燃焼し，灰分が残渣する。単位重量当りの発熱量は，バイオマスの平均的な 5 000 kcal/kg とすると，揮発成分からの気体燃焼から約 2 600 kcal が，チャー燃焼から約 2 400 kcal を得ることができる。含まれる水分は，潜熱エネルギー分だけ吸熱し，マイナスに働くことになる。

　ここで，バイオマス資源の安定的な確保，生産を目指した人工光合成を考える[5]。**図 7.4** に人工光合成の技術開発の流れと課題を示す。人工光合成を実現するには，超高速の生合成におけるピコ秒（10^{-12} 秒，1 兆分の 1 秒）の科学を解き明かし，環境応答による自己調整から代謝回転による自己生命維持のプロセスを理解し，「適当」と「変化」の合間のある光合成の進化を突き止める必要がある。なかでも，地球環境と光合成の在り方を織り込んだ科学技術をこの実社会に反映させることが公共性のある科学技術として鍵となる。

　図 7.5 に観葉植物に見られる自己調整機能を示す。下から上に成長している観葉植物であるが，よく見ると葉の生育が格段 2 枚で直角にずれている様子がわかる。上からの光を下の葉の影にならないよう，最大限に光エネルギーを分かち合えるように自己調整機能が働いている。では，この自己調整機能は，DNA（deoxyribonucleic acid，デオキシリボ核酸）のどこにあるのか。どのよ

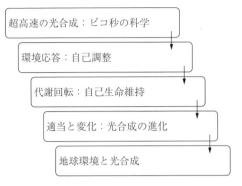

超高速の光合成：ピコ秒の科学

環境応答：自己調整

代謝回転：自己生命維持

適当と変化：光合成の進化

地球環境と光合成

図7.4 人工光合成の技術開発の流れ

図7.5 観葉植物に見られる
自己調整機能

うに DNA 設計されているか，どのように発動しているのか，とても興味深い
ところである。

ルックバック

太古より永続する生合成からバイオマス資源の本質を学び，未来に向け，期
待される人工光合成への開発を学び，未来のエネルギーの形・姿を考えてみよう。

      # 7.3 核融合エネルギー

地球上で偏在がなく，ほぼ無限の資源によりエネルギーを生み出す核融合
は，エネルギーの争奪をなくしてエネルギー枯渇の危惧を一掃できる唯一の光
明ともいえる人類の究極の自然への挑戦である[6]。

核融合反応とは，軽い核種どうし（エネルギー的に高い状態）が融合してよ
り重い核種（エネルギー的に低い状態）になる核反応を指す。

核融合の資源は，海水中にもある水素である。海水は，基本的に水である。
水は，二つの水素と一つの酸素でできている。その水素をヘリウム（He）な
どに変換し，核融合反応が起きるとき，光と熱を放出する。これは太陽内部で
起こっていると考えられている反応であり，これを地球上で実現できれば，ま

さに「人工太陽」となる。しかし，地球の体積は約 1 兆 833 億 1978 万 km^3 で太陽の約 130 万分の 1，質量は約 33 万分の 1 の大きさで，太陽よりずっと小さく，太陽がもつ高密度の空間を作ることはとてもできない。そのため地球上での核融合反応の燃料としては，重水素（^{2}H，水素の同位体）とトリチウム（T）（トリチウムは三重水素（^{3}H）とも呼ばれる）が対象となる。幸運なことに重水素は海水中に比較的豊富に存在している。重水素は，内陸河川で約135 ppm，海水で 158 ppm 程度存在し，抽出できる。すでに重水素抽出技術は確立されており，資源はほぼ無限に存在していると考えてもよい。一方，トリチウムについては自然界にはほとんど存在しないため融合炉内でリチウム (Li) に中性子を衝突させて生産しているが，リチウムは電池開発にも使用されている有限資源なので枯渇が危惧される。

　核融合反応を利用した発電では，重水素とトリチウムの核融合反応でヘリウムと中性子が発生した場合，質量欠損に相当するエネルギーが生じる。このエネルギーは発生したヘリウムと中性子の運動エネルギー，すなわち熱エネルギーとして現れる。このように現れる核融合反応のエネルギーを利用するためには，現実問題として心臓部である核融合炉の開発が必要である[7～9]。核融合炉には，炉心に数億度のプラズマを生み出し，そのプラズマを効率的に閉じ込め，さらに制御することが求められる。

　では，このプラズマをどうやって数億度まで加熱し，制御するのであろうか。加熱装置には，つぎの三つの手法が開発されている。
① ジュール発熱で加熱する方法：プラズマ自体に数 MA（メガアンペア）以上の大電流を流して加熱する。
② 粒子ビームで加熱する方法：数十 MW（メガワット）の粒子ビームをプラズマに入射して加熱する。
③ 高周波数で加熱する方法：高周波数をプラズマに照射して加熱する。
　いずれも，核融合炉内において核融合反応が開始するプラズマ温度までに加熱し，定常反応が継続するようにプラズマ温度を維持するための方法であり，核融合エネルギー開発のキーテクノロジーといえる。

　核融合エネルギーの最大の利点は，核融合炉は，原理的に暴走しないことである（プラズマは簡単に消滅し，プラズマがなくなると核融合反応は止まってしまうため）。さらに，高レベル放射性廃棄物がほとんど出ない安全性をもっている。一方，最大の課題は，技術開発，閉じ込め制御，燃料製造および管理などのコストである。このような課題をクリアーできれば，ほぼ無限の資源から熱エネルギーを取り出すことができ，エネルギーと環境を同時に解決できる希望の技術である。

ティータイム

　わが国の石炭の歴史は，1469 年に福岡県三池郡の百姓伝治左衛門が近くの稲荷山で地上に露出していた黒い岩が燃えていたのを発見したのが始まりとされるが，1997 年に三池炭鉱が閉山し，100 年以上の歴史がその幕を閉じた。多くの人が化石資源はわが国には「もう存在しない」と思い込んではいないだろうか。たしかに，いったん歴史が途絶えたように思えるが，2002 年に北海道釧路地域で海底炭田の採炭が始まった。炭鉱は，太平洋の沖合に向かってマイナス約 5.5 度の傾斜で賦存する海底下の新生代古第三紀の春採 夾 炭層である。さらに，秋田県では大正時代から油やガスの探鉱が行われており，日本最大の油田として生産している。さらに，1989 年勇払油ガス田（北海道苫小牧市）が発見され，2020 年に原油の産出（日量約 200 kL）を開始した。

ルックバック

　長期未来予想である核融合エネルギーの現状を学び，人類の悲願でもある核融合への夢を実現する人々の考えから，未来の形・姿を考えてみよう。

演 習 問 題

　石油備蓄基地の事故は，1989 年以降増加傾向が続き，2000 年に入ってからは 250 件前後が発生し，2018 年には約 300 件にまで増加している。その事故発生要因を整理し，原因について述べよ。

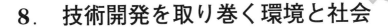

8. 技術開発を取り巻く環境と社会

　科学を根幹から見つめ直し，科学とは何か，科学の行き先はどこか，科学に携わる者に必要な考えとは何かなど，その必要性と独創性について考える。科学とは，自然科学を，時には哲学を除いたすべての学問を指す。本来は，感情や信仰から区別された，理性的あるいは知的な全学問を指すものであった。すなわち体系化されたすべての知識を指す。本章では，科学の歴史からその進化を学び，これから向かうべく課題とは何かを考える。

　　　　　　　　## 8.1　科　学　と　は　　　　

　自然現象を対象とする科学は，自然界において本質的に重要な現象を見出し，現象の把握に有効な概念を確立し，現象を支配する法則を発見することにある。

　これにより，多様な自然現象間の相互関連を明らかにし，また未発見の事物や現象を予言することができる。さらに，研究の典型的方法は，仮説を立て，推論し，観察，観測，実験，測定による実験的または第1原則あるいは法則から理論的に検証する過程を踏む。ここで重要なのが，再現が可能な現象のみを対象としていることである。突発的な再現性のない自然現象は，対象としていない。

　ここで，科学の必要性を先人の言葉から考える。寺田寅彦は，随筆『科学者と芸術家』[1] の中で「科学者と芸術家の生命とするところは創作である。他人の芸術の模倣は自分の芸術でないと同様に，他人の研究を繰り返すのみでは科学者の研究ではない。もちろん，両者の取り扱う対象の内容には，それは比較

にならぬほどの差別はあるが，そこには，またかなり共通な点がないでもない。科学者の研究の目的物は自然現象であってその中になんらかの未知の事実を発見し，未知の新見解を見いだそうとするのである。」（原文のママ）と書き残している。また，地震が及ぼす影響が心理的な作用であることを唱えた。現在の地震，天災への指針，姿勢を作り出していることは過言ではない。さらに，科学者にとってきわめて重要な指針「他人の研究を繰返すのみでは科学者の研究ではない」あるいは「未知の新見解を見いだそうとする」を残している。

　では，独創とは何か，西澤潤一 [2] は「独創技術は，社会が必要とするものを創造するものでなくてはならない。真に社会が必要とするものを探し求め，社会をよくしていくものでなければ“独創技術”とは呼ばない」。さらに，「ひとつの現象やデータがあれば，まずはさまざまな角度から疑ってかかり，かつ，はたして再現性のあるものかを調べてみる。いずれも“自然”を相手に確かめてみる。与えられた“理論”に合っているか否かという次元には立っていない。」と訓示している。

　このように多くの先人から学ぶ規範を掘り下げて考えると，哲学に帰着される。デカルトは，精神指導の規則の中で，規則第1「研究の目的は，現れるすべての事物について確固として真実な判断を下すように精神を導くこと，でなければならない」と定義している [3]。このことは，人間的智慧を磨く必要があることを説いている。では，人間的智慧をもって導き出される考えとは何か，それは普遍的な智慧である。

　例えば，流体力学の発展を鑑みると，コルモゴロフ（A. N. Kolmogorov）によって提唱された普遍平衡理論は，乱流エネルギーの輸送機構において異方的な大規模渦に比較して十分に小さい渦構造は，その影響を受けないという仮説によって，変動エネルギーのエネルギースペクトル中に普遍領域が存在することを示し，その分布形状を与える理論によって，現在の乱流理論を形づくる基礎となった。この普遍平衡理論では，境界層や噴流などのせん断乱流場においても局所等方性の仮説を適用することによって，さまざまな実在乱流場の解

析適用できる各種乱流モデルの理論的根拠を与えるものとして，工学の発展に大きく寄与した。

　ここで，自然の法則とは何か，またその法則をいかに活用しているのかを考える。自然の法則とは「いつでも，またどこででも，一定の条件のもとに成立するところの普遍的・必然的関係」（『広辞苑』より）である。本書の第3章3.2節「再生可能エネルギーの科学」の最後で，バイオエネルギーから電気エネルギーを取り出す仕組みについてエネルギー転換の観点から説明した。このエネルギー転換を支える自然の法則を**図8.1**に示す。

図8.1 エネルギー転換を支える自然の法則（バイオエネルギーから電気エネルギーへの転換）

　燃料をボイラのエネルギーとして供給する場合，質量保存の法則が働き，化学エネルギーを供給することになる，このことは熱力学第1法則から導くことができる。ボイラで燃焼した熱エネルギーにより水蒸気を生成する際，熱力学第2法則が成立する。さらに，水蒸気の運動エネルギーからタービンの回転エネルギーへ転換する際には，慣性の法則から導くことができ，その回転エネルギーを発電機により電力を発生するとき，フレミングの右手の法則（Fleming's right hand rule）に従って，電力を得ることができる。

　では，普遍的な智慧とは何か。歴史的な変革から考えると，約500年前にコペルニクス（N. Copernicus）が地動説「地球は惑星の一つとして自転しながら，太陽の周囲を公転している」ことを提唱している。しかし，この説は当時の学者からは，すぐに受け入れられるものではなかった。また，約400年前にニュートン（I. Newton）は，万有引力の法則「物体には必ず引力が生じ，その作用力は物体の質量に比例し，かつ物体間の距離の2乗に反比例する」ことを発見したが，アインシュタイン（A. Einstein）の相対性理論で，物体の速

度と光の速度との相対的な関係から，その作用力が変化することが理論づけられたり，普遍的な智慧が時とともに変化していることに注視しなければならない。このことは，常識が決して自然の本当の姿，真実ではないことをいっているが，われわれは多くの新しい発見を積み重ねることによって，より自然の普遍的な現象に近づいていることは確かである。

ミステリー作家のアガサ・クリスティー（A. Christie）は，『雲をつかむ死』の中で「科学は最大のロマンスなり，です」とわれわれが自然へ挑む理由を教えてくれている[4]。

┌ ルックバック ┐

科学とは何か？　を考え，人間，人類がもちうる智慧を振り絞り，何が正しくて，何が間違っているのか，つねに自問自答し，真理を究め，よりよい環境と社会とは何かを考えてみよう。

 ## 8.2　地球規模課題対応国際科学技術協力の取組み

本節では，わが国が取り組む地球規模課題対応国際科学技術協力（science and technology research partnership for sustainable development, SATREPS）をもとに地球規模課題とは何か，国際協力の在り方，国際協調とは何か，環境保全，低炭素技術開発について科学技術の観点からその取組みを考える[5]。

SATREPS は

① 日本と開発途上国との国際科学技術協力の強化

② 地球規模課題の解決と科学技術水準の向上につながる新たな知見や技術の獲得，これらを通じたイノベーションの創出

③ キャパシティディベロップメント（capacity development, CD：国際共同研究を通じた開発途上国の自立的研究開発能力の向上と課題解決に資する持続的活動体制の構築，また，地球の未来を担うわが国と途上国の人材育成とネットワークの形成）

を目指して，研究成果の社会実装に向けて取り組んでいる。

2008 年 4 月以降，計 14 回プロジェクトを募集・選考し，世界 53 か国で 168 のプロジェクトを実施している（2021 年段階）。特に，この国際共同研究の推進により，わが国の研究機関は開発途上国にあるフィールドや対象物を活用した研究を効果的に行うことができ，開発途上国側の研究機関（公共性のある活動を行っている大学・研究機関など。ただし，軍事関係を除く）は研究拠点の機材整備や共同研究を通した人材育成などにより，自立的・持続的活動の体制構築が可能となることが期待されている。

SATREPS には，つぎのような四つの分野がある。

- 環境・エネルギー分野：地球規模の環境課題の解決に資する研究
- 環境・エネルギー分野：低炭素社会の実現とエネルギーの高効率利用に関する研究（省エネルギー，再生可能エネルギー，スマートソサイエティなど気候変動の緩和と SDGs に貢献する研究）
- 生物資源分野：生物資源の持続可能な生産と利用に資する研究（食料安全保障，健康増進，栄養改善，持続可能な農林水産業など SDGs に貢献する研究）
- 防災分野：持続可能な社会を支える防災・減災に関する研究（災害メカニズム解明，国土強靭化，社会インフラ強化，適切な土地利用計画などの事前対策，災害発生から復旧・復興まで仙台防災枠組みおよび SDGs に貢献する研究）

このようにさまざまな研究分野から地球規模の課題に対し，わが国の技術を基盤に国際協力しながら支援する仕組みを進めている。

国際協力の中でも難民への支援は，困難を極める。ヨルダン（**図 8.2**）の首都アンマンから北東約 80 km のシリアとの国境近くには，シリア内戦から逃れてきた難民達が暮らすザータリ難民キャンプがあり，最大級の難民キャンプとなっている。

ヨルダンにおけるキャンプ難民の現状は，つぎのとおりである。

- 冬の暖房は，11 月から始まる最も寒い 4 か月間の難民にとっては生命を

図 8.2 ヨルダンとその周辺国との位置関係

維持するための必要不可欠な熱エネルギーである。

● 国連難民高等弁務官事務所（UNHCR）は，冬の準備のために最も脆弱な家族に 1 回限りの現金援助支援を割り当てている。

● 2019 年，UNHC とヨルダンは，寒い季節が到来すると，緊急のニーズを満たすため，約 40 万人のシリア難民（約 9 万 6 000 家族）と 5 万 5 000 人の非シリア難民（1 万 7 500 家族）に人道的支援のための現金援助措置を発動した。

● 現金の平均額は，1 人の場合 260 ドル（月額 66 ドル）から，7 人家族の場合 440 ドル（月額 110 ドル）である。

と厳しい状況であり，特に熱エネルギー不足が喫緊の課題となっている。ヨルダンで 2013 年に発生した洪水で，ヨルダン国内のザータリ難民キャンプに滞在しているシリアからの難民にも大きな被害が出た。国際協力機構（JICA）は，ヨルダン政府の要請を受け，緊急援助物資として冬用のテントや毛布を提供している。

ルックバック

　わが国の最先端技術により，国際協力と国際協調に取り組む姿勢を学び，世界の中のわが国の位置づけを考えてみよう。

8.3 ムーンショット型研究開発

　本節では，わが国が取り組むムーンショット，地球環境再生，資源循環実現に向けたイノベーション創出に向けた科学技術について考える[6]。

　ムーンショット（moonshot），その語源は，米国のアポロ計画におけるジョン・F・ケネディ大統領による「1960年代が終わる前に月面に人類を着陸させ，無事に地球に帰還させる」に始まる。ムーンショットは，未来社会を展望し，困難な，あるいは莫大な費用がかかるが，実現すれば大きなインパクトをもたらす壮大な目標や挑戦を意味する。

　ムーンショットは，以下の三つの要素から構成されている。

- Inspiring（人々を魅了する）
- Imaginative（創意にあふれ斬新である）
- Credible（信憑性がある）

第5期科学技術基本計画では

- ICT（information and communication technology，情報通信技術）の進化などにより，社会・経済の構造が日々大きく変化する「大変革時代」が到来し，国内外の課題が増大，複雑化する中で科学技術イノベーション推進の必要性が増大する
- 科学技術基本計画の過去20年間の実績と課題として，研究開発環境の着実な整備，LEDやiPS細胞などのノーベル賞受賞に象徴されるような成果があった一方で，科学技術における「基盤的な力」の弱体化，政府研究開発投資の伸びが停滞していると議論され，明文化された。この基本計画に基づき
    ① 持続的な成長と地域社会の自律的発展
    ② 国および国民の安全・安心の確保と豊かで質の高い生活の実現
    ③ 地球規模課題への対応と世界の発展への貢献
    ④ 知の資産の持続的創出

を目指す研究開発が2021年にスタートした。ムーンショットの目指すところを**図8.3**に示す。通常の技術開発の進展は，期待が先行し，それを追従するように進行する。ムーンショットでは，期待を飛び越え，跳躍的かつ断続的（技術を継承することなく新しい知見に基づく）な研究スタートを期待している。

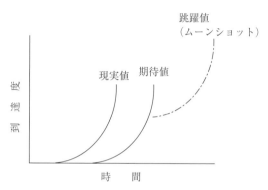

図8.3 ムーンショットの目指すところ

　この未来の技術開発の実現に向けムーンショットは，つぎの七つの目標から構成されている。

【ムーンショット目標1】　2050年までに，人間が身体，脳，空間，時間の制約から解放された社会を実現する。

【ムーンショット目標2】　2050年までに，超早期に疾患の予測・予防をすることができる社会を実現する。

【ムーンショット目標3】　2050年までに，AIとロボットの共進化により，自ら学習・行動し人間と共生するロボットを実現する。

【ムーンショット目標4】　2050年までに，地球環境再生に向けた持続可能な資源循環を実現する。

【ムーンショット目標5】　2050年までに，未利用の生物機能などのフル活用により，地球規模でムリやムダのない持続的な食料供給産業を創出する。

【ムーンショット目標6】　2050年までに，経済・産業・安全保障を飛躍的

に発展させる誤り耐性型汎用量子コンピュータを実現する。

【ムーンショット目標7】　2040年までに，主要な疾患を予防・克服し100
歳まで健康不安なく人生を楽しむためのサステイナブルな医療・介護シス
テムを実現する。

特に，ムーンショット【目標4】では，温室効果ガスを回収，資源転換，無
害化する技術の開発，窒素化合物を回収，資源転換，無害化する技術の開発，
生分解のタイミングやスピードをコントロールする海洋生分解性プラスチック
の開発が進められている。

ティータイム

　ノーベル賞受賞者からのメッセージとして2014年中村修二氏は，「常識を疑
うべし」さらに，2018年本庄佑氏は，「教科書に書いてあることは，真実とは
限らない。それでは，科学の進歩はないし必要ない」とのメッセージを発信し
ている。これらの先人のメッセージは，何を意味するのか。教科書に沿って多
くの研究者，教育者たちは，間違いのない真実のみを教授・講義・授業してい
る。天動説のような非科学的な考えがなくなりつつあるいま，では，何を疑う
のか？　それらの常識は，ある一定の条件であるとか，計測限界の観察結果であ
るとか，限られた条件などのもとで生じる自然現象であるかもしれない。寺田
寅彦氏は『科學と文學』[1]の中で，「科学のどこを掘り返しても「不可不」は出
てこないし，その縄張りの中を隈なく探しても「神」はいない。そうして科学
の中にこれがないと言う事は，それがどこにもいないという証拠には少しもな
らない。もしそういう人がいれば，それは室中を探して魚が居ないというもの
である」として，科学が自由な天地で手足を伸ばしたかのような表現で科学の
無限性を教示している。

ルックバック

　ムーンショット型研究開発が目指すところは，未来の形であり，世界の調和
と平和である。これからの環境と社会の在り方を考えてみよう。

演 習 問 題

　科学を知るうえで興味深いのは，自然の中に一定の規則があることである。例え
ば，動物の大きさはさまざまであるが，寿命や成長に要する時間は，体重の関数で
あることがわかっている。また，太陽から地球への熱放射や物体からの熱発生量は，
その表面温度の関数として表すことができる。ここで，動物の寿命や成長に要する
時間と物体から発する熱放射エネルギー量について説明せよ。

9. 環境倫理と技術開発

　世界は，エネルギーと環境に関し，大きな転換期を迎えている。各国の社会基盤，経済活動さらに市民生活を支えるためには，エネルギー資源が必要であることはいうまでもない。しかし，化石エネルギー資源は偏在しているので，各国はその確保が大きな政治・経済の命題となる。また，地球環境が悪化していることは，どの国の人々も認識し，心配しているところである。では，エネルギーとは何か？　環境とは何か？　を考えるとき，共通の学問が必要になってくることもいうまでもない。本章では，環境哲学の理念を考え，社会における責任と未来の在るべき姿を考える。

 ## 9.1　環　境　哲　学

　環境哲学は，哲学の派生の学問である。**哲学**（philosophy）とは，ギリシャ語で"知を愛する"という意味である。「知を愛する」には「つねに問う心」が必要である。そして「問う」ということには，勇気と忍耐が不可欠である。何の疑問も批判も抱かずに，その場その場でやり過ごしながら生きるのは，じつはある意味ではとても楽である。しかし「つねに問う」ためには，本来ならば考えなくてもいいようなことにこだわりながら，他者からの批判や理解を得られない状況であっても，自身の確信に誠実でいられるかどうか，そしてそれを自身が言葉や理論として表現で貫き通していけるかどうかの覚悟が求められる[1),2)]。

　そしてなぜ人は時代を問うのか，また，なぜ問い続けられるのかというときに一つの意味を与えるのは，それを問い続けた先人たちからの遺産や意志を継

承することのへの誇りにほかならない。古い世代から託された思いや言葉の意味を知って，未来へ託すための勇気と忍耐の意味を知るのかもしれない。

　「あなたはどう考えるのか」という問いに対し，哲学で重要なことは「あなた自身の考えをいかに誠実に語れるか」ということになる。このことを踏まえて，"環境哲学"とは何かを考えなくてはならない。

　環境哲学（environmental philosophy）とは，われわれが直面している環境危機とはいかなる事態なのか，そして環境危機に直面した現在とはいかなる時代なのか，その時代の本質，その時代を生きる人間存在の本質とは何か，そしてそこに人類の歴史から見ていかなる意味があるのかを問うことである。

　まず，具体的な事象を考える。**図 9.1** にわれわれの行動による被害として，食文化，環境保全，住文化，および環境保全の問題例を示す。まず，わが国の捕鯨の歴史は，縄文時代早期（約 6000 年前）長崎県の遺跡から，鯨類捕獲や解体に使われたとみられる石銛や石器の出土が最古として知られている。9 世紀には，ノルウェー，フランス，スペインが捕鯨を開始し，世界のさまざまな場所で捕鯨が広がり，12 世紀にはわが国でも手銛による捕鯨が始まっている[3]。しかし，各国が鯨類資源を必要とする中，資源の枯渇が危惧され，1962 年国別割当制の実施などの資源保全のための管理方式が模索された。そうした中で，遠洋捕鯨など採算性の悪化によって捕鯨から撤退する国も増え，1982 年商業捕鯨モラトリアムが採択され，商業捕鯨は中止されることとなった。わが

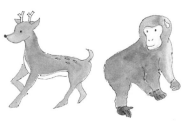

（a）　捕鯨は是か非か　　　　　（b）　害獣捕獲は是か非か
（食文化と環境保全の問題）　　　（住文化と環境保全の問題）

図 9.1　われわれの行動による被害

国は，自国の食文化を守るために異議を唱え，調査捕鯨を行ったり，科学的な根拠に基づく議論を求め続けたが，賛同を得ることができず，2019 年国際捕鯨委員会（International Whealing Commisiion，IWC）から脱退し，領海および排他的経済水域（Exclusive Economic Zone, EEZ）内での商業捕鯨を再開し，持続可能な捕鯨の新しい在り方を世界に示そうとしている。

　つぎに住文化と環境保全について考える。古くからシカやサルなどの鳥獣の農耕地への侵入による農作物への被害は，個人の死活問題としてとらえられてきた。その大きな理由の根底に，基本「自分の田畑は自分で守る」がある。これまでもさまざまな対策が取り組まれてきたが，決定的な策はなく，むしろ予想外に鳥獣が多く生息し，被害を完全になくすには至っていない。対峙する農山村の人口減少や高齢化などによって継続的な対策が疲弊し，社会状況の中で野生動物対策を推し進めるための考え方や体制が整えきれていないことが挙げられる。

　鳥獣による被害を防ぐには，つぎの三つの基本を徹底することとしている[4]。

① 　誘因除去：鳥獣の食料となるものを管理・除去すること

② 　予　防：農地に接近侵入させないこと

② 　捕　獲：加害する鳥獣を駆除すること

　しかし，農地や植林地周辺での捕獲が必要な時代に，山間部を開発して住宅地にしたり，農業地を住宅地に変えたりしたため，もともとは鳥獣の生息地であった場所に人間が勝手に踏み込んでしまったと思われ，共生を唱える考え方も大きく変わりつつある。

　2014 年の「鳥獣保護管理法」（鳥獣保護法の改正法）の目的は，鳥獣の保護および管理，ならびに狩猟の適正化を図ることによって，生物の多様性の確保，生活環境の保全，および農林水産業の健全な発展に寄与することを通じて，自然環境のめぐみを享受できる国民生活を確保するとともに地域社会の健全な発展に資することとしている。この法律改正では，「保護」と「管理」を対立的な狭い概念として法律的に定義し，つねに時代の変遷に対応することを目的としている[5]。

　なお，われわれが見過ごしている，人間の行動による被害もある。気候変化，昆虫や暮らしの変化，および里山の問題などである。気候の変化から昆虫の生息地域が変化していることは明白であり，昆虫の暮らしを見つめるために昆虫の生育地域の変化が是か非かを問う必要がある。また，わが国は，森林面積の約 40% が人工林であり所有者が存在する。その人工林のほぼ 1/2 が主伐期である 50 年を超えており，木材資源を有効活用することと同時に，循環利用に向けて計画的に再造成することが求められている。しかし，保有山林面積 10 ha 未満の林家が林家数の約 90% を占めるなど，小規模・零細な構造であり，現状では林家の所得や林業従事者の平均賃金が低く，経済的な負担が大きいため，適切な間伐活動がなされていない。さらに，都市への人口移動により，地方の過疎化，後継者不足が加速し，放置林が増加している。

　林業経営の中核を担う者は，森林所有者から委託を受けて間伐作業などを担う民間事業体・森林組合が主流となっている。2018 年「森林経営管理法」において，経営管理が適切に行われていない森林について，市町村が仲介役となり林業経営者につなぎ，森林の経営管理の集積・集約化を行う新たな仕組みを構築し，後継者育成や放置林などの問題を回復しつつ，健全な林業の在り方を模索している。

　このように環境保全と同時に「社会関係資本」の構築が必要である。吉永[1]は，「復元生態学」の意義は，環境持続性や生態系の保全に留まるものではなく，「ボランティアが復元に参加するとき，彼らは自然地域との，また参加者どうしの関わりを生み出し，根本的には，自然への積極的な文化的な関わりを生み出す」と述べている。すなわち，「環境に対する責任」（ecological citizenship）を涵養するという論点から，環境倫理学を「哲学の分野を離れ，自然資源，森林学，プランニング，公共政策の分野の中に打ち立てる」ことを提案し，「環境倫理学」から「環境保全の公共哲学」への必要性を説いている。

ルックバック

　環境哲学の精神を深いレベルまで学び，その理念を尊び，自然と環境の在り方について考えてみよう。

9.2 環 境 倫 理

　持続可能な社会を築くため，人文社会科学と融合し，技術と環境の関係を広く総合的に理解することが重要である。まず倫理（ethics）とは，人として守るべき行い（行動），およびそれに関する普遍的な基準（行動の手本となる規範）と定義される。この定義に基づき，**環境倫理**（environmental ethics）とは，人が環境に対してどのように対処していくのが正しいか，あるいは誤りかという問題である。環境を倫理的思想という観点からみると，主として人間中心主義，感覚（パトス，pathos）中心主義，生命中心主義，そして全体論主義の四つに分類できる[6]。

　環境倫理が求められる背景には，高度な成長を支える科学技術の急速な進歩と爆発的な人口増加がある。このことは，持続的な産業活動の活発化の必要性，交通網やインターネットなどによる活動範囲の拡大化と都市の発達，移動量の増大化があり，日常生活の大きな変化などにより引き起こされた。結果，人類は，地球規模での環境保全の重要性や資源の有限性，科学技術のグローバル化を見直す必要に迫られている。

　環境倫理において，人間中心主義と生命中心主義は，しばしば論争になる。特に人間中心主義は，人間の尊厳を重視するようなヒューマニズムとは，関連があるとしても，まったく同意語ではないことに注意が必要である。

　人間中心主義（authropocentrism）は，人間がすべての価値の尺度であり中心であるとする世界観である。人間中心主義の始まりは，人間が自然から分離した有史以前にまで遡るといわれ，哲学的な起源は，聖書の中で見出すことができる。これは，人間のために自然を最大にかつ効率的に利用し，経済拡大を図る思想的なよりどころとなっている。したがって，人間中心主義の立場からの環境保護は，人間の利益を保護するための行動・思想となる。

　感覚（パトス）中心主義（sentientism, pathocentrism）の感覚とは，感受能力のことを指し，人間のほかに，感受能力をもつ動物たちも固有な内在的価

値をもっていると認識される。しかし，爬虫類，両生類，魚類や植物，生命を
もたない自然は固有の価値をもたないと考えられるが，同時に，感受能力のな
い自然も間接的に重要な意義をもち，感受能力のある動物が生きるうえで自然
が果たす機能が重要であり，その内在的な価値と固有価値へ影響を与えるとい
う思想である。自然がもつ多元性を考慮することが環境倫理学にとっても不可
欠である。

　生命中心主義（biocentrism）とは，人間中心主義とは対極にある。生命中
心主義は，人間と他の生物との道徳的関係を体系的かつ包括的にとらえられて
いる。生命中心主義の観点は，生物すべてに道徳的価値があると認識し，自然
に対する尊敬の念が究極の道徳的態度である概念である。この考え方はアルベ
ルト・シュヴァイツァー（Albert Schweitzer）の「生命への畏敬」の概念から
生まれた。彼は，「生きようとする己の生命は，同時に生きようとする他の生
命に囲まれている。このおよそ生きとし生けるもの（生あるものすべて）の生
命を尊ぶことこそ，倫理の根本である。したがって，生命を守りこれを促進す
ることは善であり，生命をなくしこれを傷つけることは悪である。個人や社会
が，このような生命への畏敬という倫理観によって支配されるところにこそ，
文化の根本がある」との思想に目覚めた。

　一方，生命中心の考え方の延長線上にある**全体論主義**（ecocentrism）は，
「個別の種ではなく，生態系は全体として道徳的価値をもつ」という概念に基
づいている。特に，極端な人間中心主義も生命中心主義も成り立たず，それぞ
れ温和な形での立場を重んじる思想である。アルド・レオポルド（Aldo
Leopold）は，1949 年の著書『野生のうたが聞こえる』（A Sand County Almanac）
の中で，全体論主義的な価値を認識する境地に達し，土地倫理（land ethic）
という独創的な理念を確立した。これは 20 世紀前半に支配的であった考え方
からの劇的な転換であった。アルド・レオポルドは，この新しい倫理的価値観
は「生態系に向けた人間の良心の気づきが反映されたものであり，これは取り
も直さず，人間は一人ひとり，大地の健全さを守る立場にあるという信念を現
している」としている。これらのことは，「すべての人の責任」に至る思想を

生み出している。

　これらの主義主張のもと，サイエンスにおける行動規範として環境倫理に関する三つの命題が導かれる[7]。

- 生物種の生存権：人間だけでなく自然や生物も生存権があることを認め，生態系の頂点に立つ人類の存続の中で考えれば，生物多様性の保全という義務が生まれる。つまり，「自然と人間の共生」という思想が導かれる。

- 世代間倫理：世界の有限性を認識し，いまを生きている世代は未来世代の生存可能性に対して責任があるという考え方が生まれる。環境問題の解決を先延ばしせず，責任をもって行動するための根拠が導かれる。

- 世界の有限性：快適な生活，経済的利益などの人類にとってのいまの利益よりも，世界の有限な資源を守ることを優先し，生態系や地球資源を基軸に据えるという考え方である。世界の有限性を認識し，有限な資源への依存と廃棄物の累積を回避するという義務が導かれる。

　このように環境倫理の考えのもと，サイエンスにおいて守るべき行動規範として技術倫理/技術者倫理が掲げられており，技術者は「公衆の安全，健康および福利」を最優先すべきであると規定される。しかし，「環境倫理の3命題」に基づけば，さらに世界の有限性，生物や世代間などを鑑みたより広い概念をもつ行動規範が求められることになる。

　われわれ一人ひとりが研究を行ったり，技術製品開発などを行ったりする社会活動において，技術者倫理の枠を越えてさらに掘り下げ，将来にわたって自然や社会に与える影響を推考かつ熟考し，間違いのない環境倫理を実践的に自律的に判断，行動することが求められている。

┌─ **ルックバック** ─────────────────────
│　環境倫理の理念を深いレベルで学び，身近な事象にあてはめて未来の形・姿を考えてみよう。
└────────────────────────────────

9.3　環境倫理と技術開発

　本節では，環境倫理と技術開発について考える。特に，産業革命からの公害として，明治維新前後からの欧米先進国の技術導入により，高度成長と引き換えに生じた事件を忘れてはならない。

　わが国で最初の公害が三大銅山事件である[8]。

- 足尾銅山鉱毒・塩害事件：栃木県の足尾銅山は，1600 年頃から始まり，約 400 年近く続いた銅山である。明治初期には，富鉱脈の発見や生産技術の近代化によって銅の生産量が急速に伸び日本最大の銅山となった。その反面，渡良瀬川の水質汚染および水害により農地を汚染し，農業などに大きな被害を及ぼし，さらに銅精錬時における亜硫酸ガス（二酸化硫黄，SO_2）が周辺の山林を枯らした。これに対し，被害を受けた村民らは政府や帝国議会に対して鉱毒反対の請願を行う反対運動を続けた。しかし，政府の弾圧のもとで，村は廃村になり，跡地は遊水池になった。こうしたことから，足尾鉱毒事件は公害問題の原点ともいわれている。

- 日立鉱山煙害事件：1907 年茨城県日立鉱山に位置する 3 集落で栽培されているソバに甚大な被害が発生した。翌年には被害はさらに拡大し，農作物はソバに加えて大麦，小麦，大豆，アワ，ヒエおよび疏菜に，山林はマツ，クリに加えてスギ，クヌギ，雑木林などの立木に及んだ。1908 年地元住民と日立鉱山鉱業の間で煙害の植物被害の補償についての保障契約が締結された。日立鉱山は，煙害処理の過程で当初低い煙突から強制排気する拡散方式を採用していたが効果がなく，気球を使った高層気象観測を行い，高煙突が排煙の希釈には効果的なことを確認し，1914 年に標高 325 m の山上に高さ 156 m の大煙突を建設した。

- 別子銅山煙害事件：1893 年愛媛県新居浜で別子銅山からの銅精錬の排ガスによると思われる大規模な水稲被害が発生し，地元民による訴訟もむなしく煙害の事実について結論が得られず補償問題は延期され，地元民と精

錬所との間で紛争が勃発した。

このような痛ましい事件を省みることなく高度成長は続き，4大公害病が社会問題として顕在化した[9), 10)]。

- 水俣病：熊本県水俣市に 1953 ～ 1960 年に水俣湾の魚や貝を食べていた漁民や周辺の人々に手足や口がしびれる症状が現れた。原因は，工場廃液に含まれるメチル水銀が魚や貝に蓄積し，それが食料として人間の体内に蓄積して起きた重金属による病気。

- 第2（新潟）水俣病：新潟県阿賀野川流域で 1964 年頃から起きた，熊本・水俣病と同じ水銀による病気。

- イタイイタイ病：第二次世界大戦の頃から富山県神通川流域において鉱山廃液に含まれるカドミウムが原因の重金属による公害病。

- 四日市ぜん息：1960 年頃から三重県四日市市を中心とした地域で発生し，石油化学工場から出る煤煙中に含まれる亜硫酸ガスによる空気の汚染が原因の気管支炎やぜんそく，肝障害を起こす病気。

この四大公害の病原は，メチル水銀（アセトアルデヒドの製造法），有機水銀，カドミウム，硫黄酸化物（SOx）が食物連鎖を介して生態濃縮し，長い時間をかけて人体で生体濃縮されたことによる。経済成長を優先して，自然や人体への影響をほとんど考えていなかった結果である。

このような悲壮な事件・公害を認識し，1967 年に「公害対策基本法」が成立し，1971 年環境庁が設立（2001 年環境省）され，1968 年に「大気汚染防止法」，続いて 1970 年に「水質汚濁防止法」が制定された。さらに，環境と循環型社会を目指すため，1993 年環境基本法，2000 年に「循環型社会形成推進基本法」と「生物多様性基本法」が制定され，2002 年に「土壌汚染対策法」が策定され，公害対策が強化されつつある。

わが国の経済は，高度成長期以後，「大量生産・大量消費・大量廃棄」によって発展し，経済システムによって生み出された廃棄物は増大の一途をたどり，廃棄物を埋め立てる最終処分場が足りなくなる事態が生じている。このため，廃棄物の発生を抑制するとともに，廃棄物をリサイクルすることによって

廃棄物の減量を図ることが重要である。

　廃棄物の減量，資源の有効利用の観点から，廃棄物のリサイクル推進の新た
な仕組みを構築するために 1995 年に「容器包装リサイクル法」を制定し，**図
9.2** に示すように，家庭から出るごみの約 6%（容積比）を占める容器包装廃
棄物を，資源として有効利用することによって，ごみの減量化を図った。すべ
ての人々がそれぞれの立場でリサイクルの役割を担うということがこの法律の
基本理念であり，消費者は分別排出，市町村は分別収集，事業者は再商品化を
行うことが役割となっている [11]。

　「容器包装リサイクル法」は，容器包装廃棄物の再商品化を促進するための
措置を講じることによって，一般廃棄物の減量，および再生資源の利用を通じ
て廃棄物の適正処理と資源の有効利用の推進を図り，生活環境の保全や国民経
済の健全な発展に寄与することである。

　1998 年に「特定家庭用機器再商品化法（家電リサイクル法)」が成立した。
この法律は，一般家庭や事務所から排出された家電製品〔エアコン，テレビ
（ブラウン管，液晶・プラズマ），冷蔵庫・冷凍庫，洗濯機・衣類乾燥機〕か
ら，有用な部分や材料をリサイクルし，廃棄物を減量するとともに，不法投

（a）ガラス製容器　　　　　　　（c）PET ボトル

（b）紙製容器包装　　（d）プラスチック製容器包装

図 9.2　家庭から排出されるごみの分別

棄，不適正処理，不適正な管理を防止し，資源の有効利用を推進するために制定された[12]。このような取組みは，社会意識の変革として ISO 14001 環境マネジメントシステムにより全世界で取り組まれることとなった。このシステムは，法的な拘束力はなく，規格に沿った取組みをするかどうかは，企業の自主的な判断に委ねられている。

┌─ ティータイム ─

　日本技術者教育認定機構（Japan Accreditation Board for Engineering Education：JABEE）は，技術者を育成する教育プログラムの中で「技術者に必要な知識と能力」，「社会の要求水準」などの観点から複数の海外の技術者教育認定機関，特に，ワシントンアコードのもとでの認定審査システムの実質的な同等性を目指し努力するなどの覚書（Memorandum of Understanding）を交わしている。その協定に基づき国内の高等教育機関は，JABEE の認証を受け国際教育水準を担保している[13]。JABEE 最大の特性は，ISO14001 に沿って PDCA サイクルを取り入れ，スパイラルに教育改善を行う構造にある。認定プログラム数は，継続認数が 2009 年をピークに減少傾向にある。さらに，2007 年から少しずつではあるが，認定辞退のプログラム数が増えつつある。技術者教育プログラムの認定は，技術者教育の改善を促すシステムとして有効であることはいうまでもないが，PE（Professional Engineer）（米国での認定制度）のように国境を越えて相互認証する制度の確立が求められている．

┌─ ルックバック ─

　技術開発の歴史を学習し，同じ過ちを繰り返さずに技術開発していけるかどうか今人類は試されている。世界の人々が健康で過ごせる未来の姿・形を考えてみよう。

演 習 問 題

　本章では，人類が一時的な利益のために環境を破壊してしまうことなく，良い環境とともに生きていくための哲学（環境哲学）と倫理（環境倫理）について学んだ。人類は，環境と同様に生命に対しても畏敬の念を抱き，尊重をしなければならない。それを表したものに例えば，医療・医学研究における生命倫理の四原則[14]がある。この生命倫理の四原則について述べよ。

10. 共生の生態学

　共生あるいは共棲とは，「異種類の生物が同じところに住み，たがいに行動的あるいは生理的に密接な結びつきを保ち，たがいに利害を共にしている生活様式」とある。つまり「生活を共にすること」が共生である。なかでもミトコンドリアや葉緑体などの真核生物の細胞小器官は，ある種のバクテリアが核をもつ細胞に侵入し，または捕獲されたことで異種生物が細胞内に取り込まれ，細胞内で共生することによって生じたとする学説を 1970 年リン・マーギュリス（Lynn Margulis）が提唱し，ミトコンドリアは α−プロテオバクテリア，葉緑体はシアノバクテリアが核と細胞質を起源とする古細菌であることが共通認識となっている。このように共生には，自然と生命の仕組みが凝縮しているといっても過言ではない。

10.1　共生の生態学とは

　自然の中の**共生**（symbiosis）には，相利共生と片利（偏利）共生があることが知られている。**相利共生**とは，生物がたがいに利益を得ながら共に生きることと定義される。なかでも微生物は，反芻動物が取り込んだ食物を消化して反芻動物に必要な低級脂肪酸やアンモニアを排出し，微生物自体が動物のタンパク源として提供している。一方，反芻動物は，微生物に生活のための安全な場所と食物を提供している。このようにたがいの能力を補填し合い，提供し合いながら関係を築く相利共生が成立している

　一方，**片利共生**とは，一方だけが利益を享受し，もう一方は利益を享受できなかったり，害を受けたりする関係を指す。例えば，家ネズミの採餌行動は，人間への加害機構と深い関わりがあり，寄食性であるため建物内で食料や厨芥

を食べるだけでなく，物品や健康に対しても人間にさまざまな損害・危害を与える。家ネズミは食物を人間に依存する片利共生または寄食性の習性がある。

　さらに，相利共生の関係を考えると，その成立条件には，寄生-宿主，拮抗関係，中立関係があり，複雑なシステムが混在し，共生が成立している。

　ここで，反芻動物から相利共生 [1] について考える。ウシ，ヒツジ，ヤギなどは，一般に反芻動物と呼ばれている。反芻動物は，草を食べて体を大きくし，乳を生産する。その秘密は，これらの動物のもつ大きな発酵タンクにある。そのシステムは，一度飲み込んだ食べ物を再び口の中に戻して，再咀嚼することである。反芻動物の最大の特徴は，四つの胃（第一〜第四胃）をもつことである。人間やブタの胃に相当するのは第四胃であるが，その前に三つの胃がある。したがって，消化機能も人間やブタなど胃が一つしかない単胃動物とは大きく異なる。特に，第一胃は四つの胃全体の約 80% 以上，消化管全体の約半分を占め，草から肉や乳を生産する。反芻動物が草を食べるとき，主要なエネルギー源となるのは草の炭水化物で，これはデンプンなどの可溶性糖類とセルロースなどの繊維質からなっている。しかし，人間やウシを含む高等動物自体は，繊維質を分解する酵素をもっていない。

　では，ウシはどのようにして草の繊維質をエネルギー源にしているのだろうか。第一胃はルーメンと呼ばれ，成牛で 150 〜 250 L の大きな容積があり，そこには，細菌をはじめとするさまざまな微生物が多く生息している。ルーメン内では，ウシ自身が消化できない繊維質が，微生物の働きによって分解される。第二胃では，草の繊維質の主成分であるセルロースが，微生物のもつセルラーゼ（セルロースを分解する酵素）やそのほかの何種類かの酵素の働きによって，グルコースになる。最終的には，酢酸などの揮発性脂肪酸（volatil fatty acid，VFA）とメタンになる。人間のおもなエネルギー源がグルコースであるように，この VFA がウシのおもなエネルギー源となる。

　このように反芻動物は微生物に生活場所を提供し，微生物は反芻動物の食物から必要な低級脂肪酸を生成し，アンモニアを排出し，自身が動物のタンパク源になることで相利共生が成立する関係を構築した。特に，セルロースを分解

するうえで弱肉強食からなる厳しい食物連鎖の生存競争を経て，自然淘汰され行き着いた結果ともいえる。

ほかにも，花から昆虫へは，密を提供し，昆虫から花へは花粉の媒介役を担っていることで相利共生が成立している。このような共生は，つねに**共進化**（co-evolution）が進行する。共進化の競合イメージを**図 10.1** に示す。共生の関係にある A と B は，つねに自然の中で攻防が繰り返され，少しの優劣が繰り返し生じる。あるとき，B が A に勝ったとき，被食者の優位性からつぎの進化では，A が B に打ち勝つ能力を獲得し，競合の中に絶妙なバランスを保ちながら進化へと向かい，圧倒的な優れた能力をもたなくても相利共生が続くことになる。

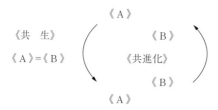

図 10.1　共進化の競合イメージ

花と昆虫の共進化の例を**図 10.2** に示す。花は，昆虫に花粉を運んでもらうが，そのための蜜を作るエネルギーはトリックを発達させて最小化を図る。一方，昆虫は蜜をもらうために花粉を運んでいるが，そのフライトエネルギーを最小化して，生きている。例えば，ある花が大量の蜜を製造して昆虫をおびき寄せたとする。すると昆虫は，つぎの花にフライトする必要がなくなり，その

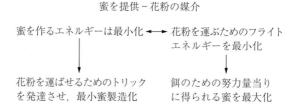

図 10.2　花と昆虫の共進化の例

まま住処に帰ってしまい，ほかの花に花粉を運ばないことになる。また逆に，蜜の製造量が少なすぎると今度は昆虫が寄らなくなる。そこで花は昆虫が寄ってくれる最小量の蜜を製造し，生命維持にかける消費エネルギーを最小限に抑える方向で昆虫との相利共生を図っている。花が生態系への適応を進めるためには，自らの遺伝子を花粉に乗せて広く飛ばし，ほかの花の花粉と受粉させることが必要である。言い換えれば，花が仕掛けるこの美しい罠は，そのための手段であるといえる。進化はこのような過程でたえまなく続いていく。

ルックバック

自然の中の共生の仕組みを深く学習し，自然と人類に置き換え，未来の形・姿を考えてみよう。

 # 10.2 共生システム

弱肉強食という言葉が表す**生態ピラミッド**（ecological pyramid）は，食物連鎖の栄養段階が生産者，一次消費者，二次消費者と順に層を積み重ね，階層が増えるに従って生物量，生産力が減少するため，それらを積み重ねるとピラミッドの形状を作る。**図 10.3**（a）に人間を頂点とする生態ピラミッドのイメージを示す。各栄養階層は，上の階層の生物によって下の階層の生物を食べることで成り立っている。

では，この生態ピラミッドが生態系の本質であろうか。この生態ピラミッドには，間接的な相利共生の階層が存在していることがわかる。それは肉食動物と草食動物の間である。草食動物に分類される反芻動物は，セルロースをエネルギー源とし，消化することができる。一方，肉食動物は，草食動物をエネルギー源にしているので，セルロースを消化することができない。すなわち，肉食動物から 2 段階下のバイオマス資源は，エネルギー源にはならないことを意味し，食う者と食われる者との間には一見，片利共生のように見えるが，大きな自然の循環システムの中で相利共生が成立している。

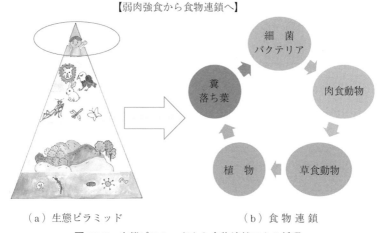

【弱肉強食から食物連鎖へ】

（a）生態ピラミッド　　　　（b）食物連鎖

図 10.3　生態ピラミッドから食物連鎖による循環へ

　図 10.3（b）に生態ピラミッドと食物連鎖による循環を表す。食物連鎖とは，食う者と食われる者のつながりである。二酸化炭素を固定して有機物をつくる生産者から始まって，それを食べる一次消費者，さらにそれを食べる二次消費者と鎖のようにつながっていくが，頂点に位置する捕食者に至るまで何段階の食物連鎖で辿り着くのであろうか？　この食物連鎖の段階の数を生態学では，食物連鎖の長さとして表し，食物連鎖長として定義している。食物連鎖長は 2〜3，最長でも 4 や 5 くらいが多いことがわかっている。特に，分解者は細菌やバクテリアなどで，死んだ生物の組織や糞などの排泄物を二酸化炭素や水といった無機物と栄養塩類に分解して環境中に戻す役割をしている。図10.3 では，細菌・バクテリアは，肉食動物の死骸をエネルギー源として増殖し，肉食動物は草食動物をエネルギー源に草食動物は植物（バイオマス）をエネルギー源として消化している。植物は，土壌の中の落ち葉・糞などが細菌・バクテリアなどにより醗酵・分解物を吸収し，光合成により組織を形成し，枯れて細菌・バクテリアのエネルギー源となっている。

　つぎにこれらの食物連鎖が定常に循環するのには，共生システムの成立条件を満足する必要がある [2), 3)]。反芻動物と微生物との相利共生を考えると，共

生者は単独ではなく，微生物群であることがわかっている。微生物群の生存には，微生物どうしの共存や微生物のフローとサイクルが必要条件となるため，微生物の感染経路を解明する必要がある。

ルックバック

共生システムを深く理解し，自然の中で「共生する」とは，どういう意味かを考えてみよう。

10.3 共生へ向かって

生態ピラミッドの頂点に位置する人間は，その多くの活動が片利共生に分類される違いない。自然との相利共生を実現することの難しさを痛感している。本節では，われわれ人間社会が向かうべき共生の生態学において，健常者と障害者が共に生きる道標について考える。

わが国は，2006 年の国連総会において採択された「障害者権利条約」（障害者の権利に関する条約，Convention on the Rights of Persons with Disabilities：障害者の人権および基本的自由の享有を確保し，障害者の固有の尊厳の尊重を促進することを目的として，障害者の権利の実現のための措置などについて定める条約）に 2007 年に署名し，2014 年に批准している。

図 10.4 に国内の 2006 ～ 2019 年における障害のある学生数の推移を示す[4]。2006 年の 4 937 人から 2019 年の 37 647 人まで，じつに 13 年間で約 7.6 倍にも増加している。身体障害者の定義は，「障害者基本法」における障害の定義から身体障害，知的障害，精神障害（発達障害を含む）そのほかの心身の機能の障害がある者であって，障害および社会的障壁により継続的に日常生活または社会生活に相当な制限を受ける状態にあるものをいう。また，社会的障壁とは，障害がある者にとって日常生活または社会生活を営むうえで障壁となるような社会における事物，制度，慣行，観念そのほか一切のものをいう。

特に，神経発達障害（発達障害）は，中枢神経系の障害のため，生まれつき

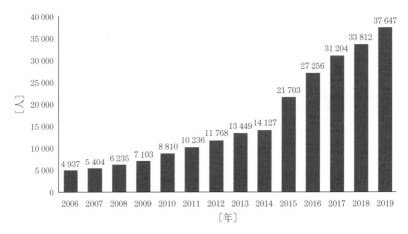

図 10.4　障害のある学生数の推移

認知や，コミュニケーション，社会性，学習，注意力などの能力に偏りや問題
を生じ，現実生活に困難をきたす障害をいう。障害による問題はわかりにく
く，また障害の有無の境界が明確でないため，どこまでが障害による特性でど
こからが本人の個性（性格）や能力の問題であるのか区別がつきにくいこと，
また，周囲あるいは本人も障害かどうかが自覚しづらく，どこまでどのような
支援を行えばよいのか判断が難しいことがあり，さらに，同じ神経発達障害で
も特性により課題の表れ方は一人ひとり異なることが，障害を見つける難しさ
となっている。発達障害のある国内の学生数の推移を**図 10**.5 に示す。2006 年
の 127 人から 2019 年の 7 065 人まで 13 年間で約 55.6 倍にも増加し，社会的
に大きな問題となっている。

　つぎに神経発達障害のある人の困難さについて考える。神経発達障害は見た
目ではわかりにくい障害である。行動面や言動で特性が表れることもあるが，
大学に進学している人では目立ちにくいことも少なくない。さらに，環境要因
によっても，困難さの表れ方が異なるため，個別性がとても高いことが特徴で
ある。また，神経発達障害に起因するトラブルが起きていたとしても，本人や
周囲が個人的な努力不足などと受け止めてしまうケースもあるため，"困って
いる人"として認識されないことがある。さらに，環境との相互関係により問

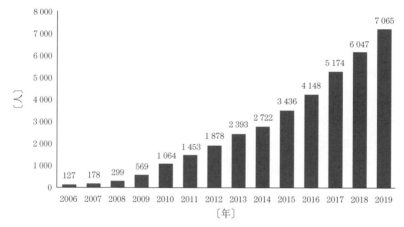

図 10.5　発達障害のある学生数の推移

題が生じていることが多いため，個人の困難さをどのように解消・軽減するか
の判断が難しい場合がある。

　村田[4] は，神経発達障害のある人への支援として，本人の自己理解を促進
し，強みや長所，障害特性に起因する困難の両方を視野に入れることが大切で
ある，としている。そのためにも支援の内容や方法は，本人を含めた話し合い
の場で本人がイメージをもちやすいような工夫をして決定すること，また定期
的に見直しを行うことが大切であると喚起している。

　さらに，支援のポイントとして，以下のような項目を挙げている。

- 「問題学生」ではなく「困難を抱えている学生」という意識転換を図る。
- 困難や自己不全感を共に解決し，自己理解を進める支援を行う。
- 配慮を要請できる力の育成（セルフアドボカシー）する。
- 支援や配慮の内容について本人がイメージをもちやすいように工夫する。
- 学生サポーター，専属ＴＡ（teaching assistant）など身近な支援者が「通
  訳者」の役割をする。
- 必要な環境調整を行う。
- パソコンなど支援技術の利用を指導する。
- 個人の苦手・得意の両方を視野に入れ個別化する。

- 評価方法の詳しい情報公開をする。

- 他学生との公平さを保つ。

- 社会マナーを指導，教育する。

- 心理カウンセリングを行う。

　社会的な動向を受けて高等教育機関においても，「特別」から「当たり前」への意識変換が必要であり，「しなければならない」という義務へのシフトと高等教育機関がユニバーサルな環境であることは，グローバルスタンダードに立って，見つめることが必要であることを示唆している。

　高等教育機関全体としての必要な取組みとしては，支援体制の整備，安定的な支援の運営，障害者差別解消法への対応，バリアフリー化，理解啓発の促進などが挙げられる。

　2021 年の Covid 1-19（通称，新型コロナウイルス）の影響は，教育界に多大な被害を与えていることはいうまでもない。特に，インターネットを活用したオンライン講義が基本となりつつあるが，障害者にとっては健常者以上に課題が山積しており，例えば

- 限定的な情報から意図されることを理解する（想像力，社会性の課題など）ことが困難

- 障害特性上の不注意や情報整理の苦手さによるタスク管理などが困難

- 孤立した学習環境により，課題に取り組む際，インフォーマルな情報や質問の機会を得にくく，課題に手がつかない，どこまでやればよいかわからない

といった混乱が生じている。これらの社会問題を解決社会を見据えた支援の在り方（障害学生支援は，ある一定の基準やノウハウに基づいた支援を実施することに加えて，学生本人の自己認識を高めることができる支援）が求められる。

　自己認識の過程では，つぎのような観点が大切になる。つまり，障害，特性を知ることで自分自身をマネジメントしていく能力環境（他者）との相互関係社会に接続する教育機関として，修学支援を対処的なものとせずに，修学支援を通じて"＋αの支援"となる教育環境への進化が求められている。

ティータイム

　食物連鎖を考えるとき，アフリカ・タンザニアのダルエスダラム大学の知人が"カバは最恐かつ最強"といっていた記憶がある。調べてみると，日本では，1869 年『薩摩辞書』で hippopotamus を引くと，「河馬（獣ノ名）」と出ているようである。確かに，体長は約 3.5 m。体重は約 2.75 トン（1.5 ～ 4 トン）と陸上動物最大級で，走る速度は時速 40 km ほどにもなる。運動エネルギーは，約 611 kJ と求まり，1 トンの車が時速約 125 km で衝突する力に匹敵し，噛む力は約 1 トンにもなり年間約 3 000 人以上の被害があるようである。このカバが赤い汗を流すという研究がある。カバの汗に含まれる赤色とオレンジ色の色素の構造は，2 段階酸化されたジキノン型で赤色色素がヒポスドール酸でオレンジ色素がノルヒポスドール酸と命名された。さらに，両色素について人工的に合成することにも成功している。これらの汗の役目は，UV カットの役目であったり，傷が治りやすかったりしているようである。この背景には，けんか早く，つねに傷が絶えなく，泥の中でも治りを早くするという効果があるようである [5]。

ルックバック

　自分自身をよく見つめ，隣人をよく見つめ，友人をよく見つめ，仲間をよく見つめ，たがいによりよい環境で学習することの意味を考えてみよう。

演 習 問 題

　アリ類の多様性がきわめて高い熱帯林では，アリ類に擬態する生物の多様性が高いことが知られている。このアリ類擬態に伴う共生について述べよ [2]。

11. 環境保全に向けた社会の在り方

　鉄および石炭エネルギー資源の枯渇が目前に迫っている。地球上に潜在する鉄鉱石の埋蔵量は 1500 〜 2000 億トン（新しい発掘を想定して幅がある）と推測されている。世界の鉄鉱石の総生産量は約 16 億トン/年で，完全枯渇まで約 100 年と推算できる[1]。さらに，長期に期待できるエネルギー資源としての石炭資源の市場規模は，地球上に約 8475 億トンの可採埋蔵量が潜在し，63.5 億トン/年消費から確認可採年数を算出すると，残存年数は 133 年と推算できる。このような危機的な状況に鑑み，本章では持続可能なエネルギーについて考える[1,2]。

11.1　持続可能なエネルギー

　持続可能な再生可能エネルギーであって，かつ備蓄可能なエネルギーであるバイオエネルギーは，期待すべき資源である。バイオエネルギーによる化石資源からの脱却のために必要な燃料化を**図 11.1** に示す。化石資源からの脱却は，大きく 3 つに分けることができる。運輸部門は，タンカーや自動車など液体燃料を燃料源とするエンジンで駆動されているため，おもに原油/石油からの脱却が必要である。電力分野では，中長期ビジョンでは石炭火力による発電が主力になるので，石炭からの脱却を必要とする。さらに，鉄鋼分野では，高炉，キュポラなどの高温の溶解炉の操業が必要であるので，石炭コークスからの脱却を必要とする[3]。運輸部門では，エンジンからモーターへの駆動力を電化する取り組みの必要性が掲げられているが，これは，運輸部門でのエネルギー消費が電力分野に付け替えられただけであって，国民が安心・安全に暮らせる総

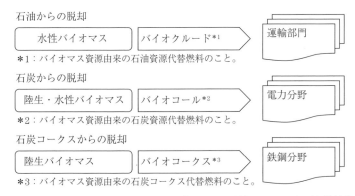

石油からの脱却

水性バイオマス → バイオクルード*1 ⇒ 運輸部門

*1：バイオマス資源由来の石油資源代替燃料のこと。

石炭からの脱却

陸生・水性バイオマス → バイオコール*2 ⇒ 電力分野

*2：バイオマス資源由来の石炭資源代替燃料のこと。

石炭コークスからの脱却

陸生バイオマス → バイオコークス*3 ⇒ 鉄鋼分野

*3：バイオマス資源由来の石炭コークス代替燃料のこと。

図 11.1 バイオエネルギーによる化石資源からの脱却のために必要な燃料化

エネルギー量はさほど変わらない。

運輸部門で必要なバイオマス資源からの液体燃料の研究開発は，2015 年に設立された筑波大学の生命環境系リサーチユニット 藻類バイオマス・エネルギーシステム（Algae Biomas and Energy System Research Unit，ABES）において，藻類の有用な機能として研究開発が進められた[4]。ABES では，水性バイオマス資源に分類される藻類から炭化水素系オイル生成の研究開発を行っている。特に，ボツリオコッカス・ブラウニー（*Botryococcus braunii*）は緑藻類に所属する藻類で，淡水に生息し，光合成により炭化水素系オイルを生産する微細藻類である。多くの藻類が生産するオイルはトリグリセリド（triglycerid，いわゆる植物油）であるが，ボツリオコッカスが生産するオイルは炭化水素（HC，いわゆる石油系オイル）のため，ガソリンの代替燃料としての利用が期待されている。しかし，現状では生産コストが高く，藻類培養から収穫・濃縮・脱水から燃料原油抽出精製の全プロセスの最適化を行い，さらにシステム全体でエネルギー収支と経済収支を改善する必要がある。

このほか，海洋ケイ藻による燃料用オイル生産技術開発や，ミドリムシによる軽油代替可能なバイオディーゼル燃料の開発などが精力的に進められ，期待されている。

電力分野では，石炭火力ボイラの燃焼効率を高めるため微粉炭ボイラが導入

されており，木質チップや木質ペレットなどの木質バイオマス燃料では，微粉炭ボイラーでの混焼率が 2 ～ 3% 程度にとどまる。2013 年 NEDO（New Energy and Industrial Technology Development Organization，新エネルギー・産業技術総合開発機構）事業において，陸生バイオマス資源である木質系バイオマスを**トレファクション**（torrefaction，半炭化）処理した固体バイオ燃料を混焼し，石炭代替率を約 25% まで高めたが，さらなる新しい石炭代替燃料の開発が求められている[4]。

鉄鋼分野では，高硬度な固体バイオ燃料の開発が求められている。2007 年の NEDO 事業において，鋳造用石炭コークスと代替可能な陸生バイオマスを原料とする高硬度固形燃料（バイオコークス，bio-coke）の量産機開発を行い，さらに本燃料の大型鋳造実炉における鋳造用石炭コークスとの代替実証試験が行われた[5]。本事業では，燃料として通常使用する鋳造用石炭コークスの 11.4% を代替できることが確認された。さらに，2017 年の環境省二酸化炭素排出削減対策強化誘導型技術開発・実証事業では，一般廃棄物を燃焼・灰化する石炭コークスを燃料とするガス化溶融炉において石炭コークス削減率 35% 以上の運転を達成している。これらの開発を通じ，石炭コークス消費量ならびに二酸化炭素排出量低減を直接に実現できる段階に至った。

このように持続可能なエネルギーとしてのバイオマス資源は，運輸部門，電力部門，鉄鋼部門において，さまざまな転換技術の開発が進められている。特に，もともとは固体であるバイオマス資源を液化やガス化したり，さらに再固形化し，目的に合った燃料特性に転換することは有意義ではあるが，エネルギー資源である燃料形態が変われば，最終のエンジン，炉などの燃焼を介してのエネルギー変換装置も燃料特性に歩み寄り，新しい社会基盤の礎を築く必要がある。

駆動力を得る歴史は，蒸気機関に始まり，内燃機関，外燃機関と開発が進められてきたが，究極は外燃機関の一種であるスターリングエンジン（Stirling engine）に集約される。スターリングエンジンは，シリンダ内の気体（通常は空気）を熱して動くエンジンであり，その熱源を再生可能エネルギーにすれ

ば，カーボンフリーの駆動力を得ることが可能であり，スターリングエンジン
を適用したゼロエミッション発電システムが実現する。

┌─ ルックバック ─┐

　将来の化石資源の枯渇を踏まえ，運輸，電力，鉄鋼におけるバイオエネルギー
の技術開発の在り方を考えてみよう。

11.2　炭　素　循　環

　カーボンニュートラル（炭素中立）は，バイオエネルギーが再生可能エネル
ギーである根源の概念である。太陽エネルギーを起源とする生合成によって空
気中の二酸化炭素がバイオマスに固体炭素として固定され，燃焼により二酸化
炭素が発生し，炭素が姿を変えて循環する。地球上の炭素は，閉じ込められて
いるため，その総量は変化しない。カーボンニュートラルの概念を**図 11.2** に
示す。

　しかし，カーボンニュートラルには，エネルギー利用において大きなハード
ルが存在し，**ライフサイクルアセスメント**（life cycle assesment，**LCA**）が必

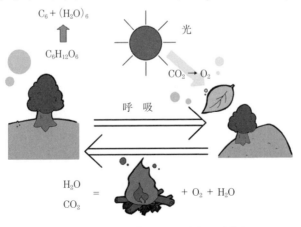

$$6\,CO_2 + 12\,H_2O = C_6H_{12}O_6 + 6\,O_2 + 6\,H_2O$$

図 11.2　カーボンニュートラルの概念

要である[5]。**図 11.3** にバイオマス利用の LCA を示す。バイオマス利用の工程
は，おおよそ収集・回収から粉砕，乾燥，搬送，消費の工程に区分することが
できる。LCA の着目点は，これらの工程における化石資源によるエネルギー
投入量である。

図 11.3　バイオマスの LCA

　バイオマスは，広く薄く生育していることが多く，さらに含水率が高く，熱
エネルギー利用には工夫が必要である。それらのバイオマス資源を収集・回収
するエネルギーにトラック，コンベアなどの運送にかかる収集エネルギーが必
要となる。収集されたバイオマス資源は，表面積を増やし乾燥効率を上げた
り，転換処理を最適化するため粉砕する必要がある。つぎに乾燥されたバイオ
マスは，熱エネルギーの確保や転換処理を最適化するための乾燥など，製造時
に種々の外部エネルギーを必要とする。製造物は，搬送され最終消費地へと運
ばれエネルギー利用される。

　この工程における LCA では，エネルギー収支比（EPR）すなわち再生可能
エネルギー代替率とエネルギー回収率が，再生可能エネルギーとしてのシステ
ム指標となる。

　エネルギー収支比は，目的物質のもつエネルギーを投入する一次化石燃料エ
ネルギーで除した値である。特に，この値は，原料のバイオマス生産〔生産
（栽培），収穫，輸送までのすべて含む〕に要するエネルギー + 目的物質生産
に要する化石燃料エネルギーを投入してどの程度の再生可能エネルギーが得ら
れるかの指標となる。つぎに，**エネルギー回収率**は，目的物質のもつエネル
ギーを原料バイオマスのもつエネルギーと所要投入エネルギーの和で除した値
である。この値は，バイオマスのもつエネルギーをどの程度燃料としてエネル
ギー回収できるかの指標となる。しかし，バイオエネルギーの利用には，後処

理も重要な課題になる。例えば，バイオエタノール転換技術では廃液処理が必要であり，固体バイオ燃料を燃焼利用した場合では灰分が残り，無害化処理や搬送などにかかる外部エネルギーを忘れてはならない。

ここで，バイオエネルギーの実用化と波及効果について考える。**図 11.4** にバイオエネルギー実用化のための調査項目を示す。バイオエネルギーの実用化には，市場規模を推算する必要があり，その大きさが社会貢献度を左右する。また，再生可能エネルギーとしての重要度を知るために，二酸化炭素削減効果を試算する必要がある。最後に経済的な指標となるコスト試算である。このコストには，バイオエネルギー導入による国内生産・雇用，輸出，内外ライセンス収入，国内生産波及・誘発効果，国民の利便性向上などが加味される。

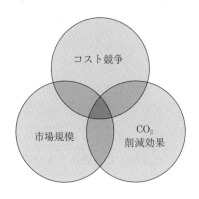

図 11.4 バイオエネルギー実用化のための調査項目

ルックバック

バイオエネルギーの技術開発の最大利点である自然システムにおける炭素循環形成によるカーボンニュートラル（炭素中立）の概念を学習し，バイオエネルギー導入の貢献，および波及効果を考えてみよう。

   # 11.3　未来の自動車

多くの一般的な自動車は，人やものを載せて陸上を移動するために，車輪を回転させる動力装置（動力源）を備え，これを稼働させる燃料などのエネル

ギー源を携行している。自動車が発明される以前の社会での陸上の移動手段は，徒歩や使役動物の利用などであった。やがて，人工的な動力源である蒸気機関，電動機，そして内燃機関などが発明されたが，物質的豊かさを追求した大量生産・大量消費社会の入口に立てたのは，ガソリンエンジンなどの内燃機関であった。その後，1950 年代から世界中で急速に進行した「エネルギー流体革命」[6]によって，市場の占有が決定づけられた。しかし，この自動車が大量に普及したことで，交通事故，騒音・振動，そして大気汚染などの地域的な社会問題・環境問題にとどまらず，地球規模での環境破壊・気候変動問題を引き起こす要因となった[7]。

　一方，工業製品としての自動車は，さまざまなノウハウが詰め込まれた数万点に及ぶ精巧な部品で構成されていて，数えきれないほどの企業が関連して一大産業を築いている。これに関わる人々の生活はもとより国家としても経済的影響はきわめて大きい。わが国の場合，海外から原材料を輸入して国内で製造した製品を海外に輸出して外貨を獲得するビジネスモデルで高い経済成長を生み出した経緯がある。この中で，わが国の自動車メーカーが国内外の顧客からの確固たる支持を獲得してきた背景は，総合技術の集大成である自動車の全方位的で徹底した品質・生産体制の構築による高品質，高信頼性，安全性，そして適正価格の実現である。

　内燃機関の燃料になる石油などの化石燃料は炭化水素の化合物・混合物であり，大気中で燃焼すると二酸化炭素と水蒸気だけでなく，一酸化炭素，未燃焼の炭化水素，窒素酸化物，そして粒子状物質や煤など生物にきわめて有害な物質が排出される[7],[8]。特に都市部や幹線道路付近など多くの自動車が行き交う場所では，地域一帯の大気が著しく汚染され，光化学スモッグが発生するなどの公害問題が起きた。

　これには，工場や火力発電所などからの煙道ガスも含まれる。このため，自動車大国である米国では 1960 年代に自動車排出ガスに対する全米規模の規制法が制定され，段階的に規制値の厳しさが増していった。わが国も，同じ 1960 年代のうちに公害対策基本法や大気汚染防止法などが公布され，自動車

などの排出ガスに対する規制が始まった[8),9)]。自動車メーカーは，これらに対して，エンジン燃焼技術の工夫や触媒などの後処理技術の活用などを模索し，ガソリンエンジンの電子制御化と三元触媒を適用するという現在でも使用されている技術の基礎を築いた[8),10)]。

一方，わが国のトラックやバスなどのディーゼルエンジン自動車では，コモンレール方式と呼ばれる蓄圧式の超高圧多段階燃料噴射システムに加えて，DOC（diesel oxidation catalyst，ディーゼル酸化触媒），SCR（selective catalytic reduction，選択触媒還元），そして DPF（diesel particulate filter，ディーゼル微粒子捕集フィルタ）などの後処理装置を搭載することで，厳しさを増す排出ガス基準に応じてきた[7),10),11)]。

また，わが国が経験した2度のオイルショックは，自動車の燃費向上を進める契機となった。これは，同時に大きな社会問題となっていた交通事故への対応も求められるものであった。これらに対しては，車両構造の工夫や軽量素材の活用による車両安全技術の向上に加え，排出ガス対策で採用されたエンジン燃焼技術やエレクトロニクス技術のさらなる進展による効率向上，および車体の空力特性等の向上などが継続的に図られた[12)]。特に，この過程で乗用車のFF（front-engine，front-drive，前エンジン前駆動）化が飛躍的に進展し，多大な貢献を果たすこととなった。その後，電動機・蓄電池とのハイブリッド駆動システムが登場し，大幅な燃費向上が実現されるようになった[13)]。

一方，ガソリンや軽油の代替燃料・エネルギーとして，LPG（液化石油ガス），天然ガス，バイオエタノール，合成燃料，そして水素などが使用されている。これらは，LCA の観点から，燃料・エネルギー源の採掘 〜 精製などを経て実際に自動車走行に使用されるまでの環境負荷が小さいことが決め手とされている[7),10),11)]。

特に，水素は，利用時に二酸化炭素を排出せずに水が生成されることから，究極のエネルギーとして，水素エネルギー社会が提唱されている。このため，わが国をはじめとする世界中で，水素をエネルギー源とする燃料電池自動車の開発が進められてきた。車載用燃料電池には，70 〜 90℃程度の低温で反応が

行われる固体高分子形燃料電池が用いられており，普及に向けて，触媒に使用される高価で資源量の限られた白金の使用量を減らす取組みが継続されている[14),15)]。

一方，燃料電池自動車のような普及に向けた課題が少なく，従来の内燃機関のノウハウも活かせるということで，水素エンジン自動車も注目されている[16),17)]。水素は，大気圧下での体積当りの発熱量がガソリンなどよりも小さく，これらと同等出力を得るためとして，エンジンシリンダ内への高圧直接噴射技術が開発されている[16),18)]。

2022年時点での自動車に対する世界の潮流・キーワードは，**ゼロエミッション車**（zero emission vehicle，**ZEV**）と自動運転車である。自動車が米国で普及しはじめてから100年余を経たこの数年の間で，各国政府などは2030年から2040年にかけて，走行時に二酸化炭素を排出する自動車の販売を制限もしくは禁止する規制を打ち出すに至った。ZEV の本命は，**電気自動車**（electric vehicle，**EV**）と燃料電池自動車である。わが国の自動車メーカーが高い技術と完成度を誇る**ハイブリッド車**（hybrid vehicle，**HV**），**プラグインハイブリッド車**（plug-in hybrid vehicle，**PHV**/plug-in hybrid electric vehicle，**PHEV**）は二酸化炭素を排出するため ZEV には含まれない。

電気自動車の主流は，車載した電池を充電して走行する方式の**二次電池式電気自動車**（battery electric vehicle，**BEV**）である。ガソリンのエネルギー密度が単位重量当り 12 722 W·h であるのに対して，初期の車載用二次電池のそれは単位重量当り 50 W·h 程度であったことで，EV の航続距離の短さが長らく課題とされていた[13),19)]。しかし，EV がもともと有利とされていた自動車としてのエネルギー変換効率の高さに加えて，車載用リチウムイオン二次電池パックの登場と性能向上（単位重量当りのエネルギー密度 100 W·h）によって実用性が評価され，急速に普及が拡大している。加えて，前述の各国政府などの規制強化に伴い，高性能な二次電池の量産体制構築や，革新的にエネルギー密度を高めた新たな二次電池の開発競争が激化している[20)]。また，充電時間の短縮，充電設備の設置拡充，そして LCA 評価に基づく環境負荷低減の担保など，本

格的な社会実装と並行して進めなければならない多くの課題がある。

─── **ティータイム** ───

　バイオマスを人工的に生成する研究は，核融合エネルギーに匹敵する未来の再生可能エネルギーであることはいうまでもない。しかし，その道は険しい。バイオマスは，おもにセルロース，ヘミセルロース，リグニンを骨格する細胞壁から構成されている。光合成の定義は，セルロース生成に使われ，ヘミセルロース，リグニンには使わない。大きなくくりの定義として「生合成」がある。ヘミセルロースの最大の特徴は，セルロースがホモ多糖類であるのに対し，ヘテロ多糖であることである。この構造特性を生かしてさまざまな高付加価値的な用途への展開が可能である潜在能力に期待するところであるが，理解はあまり進んでいない。一方，リグニンは，モノリグノール（p-クマリルアルコール，コニフェリルアルコール，シナピルアルコールなど）の重合によって生成することが知られている。モノリグノールの生合成経路，すなわちケイヒ酸モノリグノール経路に沿って研究が進められたが，1990 年代半ばより，代謝工学によるケイヒ酸モノリグノール経路の酵素を標的としたリグニン生合成の多くの成果が報告された。しかし，これらの遺伝子が持つ多くの生理的機能は未解明であり，研究の進展によりますます解明すべき問題が顕在化している。このような成果を積み重ね，さらに細胞壁を構成する仕組みを解き明かすことになる。

─── **ルックバック** ───

　未来の自動車は，持続可能な再生可能エネルギーによる駆動力を得る必要がある。カーボンニュートラルの社会を実現するための移動手段について考えてみよう。

演 習 問 題

　バイオマスは，1 年間で森林 1 ヘクタール当り 10 トンが生産される。バイオマス資源をセルロース $C_6H_{12}O_6$ と仮定して，光合成を介してわが国の全森林で吸収（固定）できる二酸化炭素の総量を計算せよ。ただし，国土面積を 37 万 8000 km²，森林率を 68% とする。

12. 廃棄物の資源化による
持続可能な社会形成に向けて

　廃棄物の処理および清掃に関する法律では,「廃棄物とは, ごみ, 粗大ご
み, 燃え殻, 汚泥, ふん尿, 廃油, 廃酸, 廃アルカリ, 動物の死体その他の
汚物または不要物であって, 固形状または液状のもの (放射性物質およびこ
れによって汚染された物を除く) をいう」と定められている。特に, 一般廃
棄物とは, 産業廃棄物以外の廃棄物を指している。また, 特別管理一般廃棄
物とは, 一般廃棄物のうち, 爆発性, 毒性, 感染性, そのほかの人の健康ま
たは生活環境に関わる被害を生じる恐れがある性状を有するものとして政令
で定めるものを指す。このように 廃棄物の処理は, 生活環境の保全と公衆
衛生の向上を図るために国が定める法律に沿って進められ, 国, 都道府県,
市町村, さらに事業者が分担して, その任を背負っている。これらのごみを
資源化することは, 循環型社会を実現するために必要な技術開発である。

 ## 12.1　廃　棄　物　と　は

　図 12.1 に廃棄物処理の区分と処理責任の所在を示す[1]。廃棄物は, 法律に
従い一般廃棄物と産業廃棄物に区分される。一般廃棄物は, 市町村が産業廃棄
物は事業者において処理を進めなければならないが, 都道府県は, 基本方針に
即して, 当該都道府県の区域内における廃棄物の減量, そのほかその適正な処
理に関する計画を定めなければならない。特に, わが国が高度成長しながら疫
病などと対峙し, 防御が進んだ成果は, この公衆衛生の向上にあるといっても
過言ではない。

　図 12.2 に全国のごみ処理のフロー (2016 年度実績) を示す[1]。2016 年ご
み総排出量は, 年間 4 317 万トンであり, 国民 1 人当り年間 0.3 トンを排出し

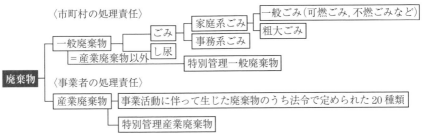

図 12.1　廃棄物処理の区分と処理責任の所在 [1)]

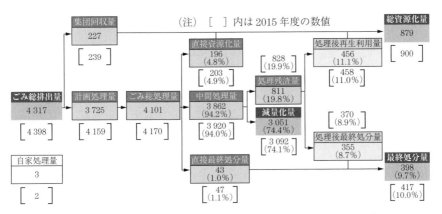

図 12.2　全国のごみ処理のフロー（2016 年度実績，単位：万トン）[1)]

ている。ペットボトル（20 g/本）に換算すると，年間 1 万 5 000 本に相当する。総排出量のほとんどは，中間処理量として年間 3 862 万トンを燃焼処理し，74.4% に当たる年間 3 051 万トンが燃焼生成ガスとなり，大気に放出され，19.8% に相当する年間 811 万トンが処理残渣（灰分 = 無機質な成分）として残る。処理残渣は，セメント増量材などとして再生利用するか，利用できない場合は最終処分場で埋設する。最終処分場へは，年間 398 万トン（全体の9.7%）の灰分が向かうことになる。

　図 12.3 に，一般廃棄物の燃焼処理灰の最終処分場における残余容量および残余年数の推移を示す [1)]。

　2005 年から残余容量は，年々減少の一途をたどっているが，残余年数は増

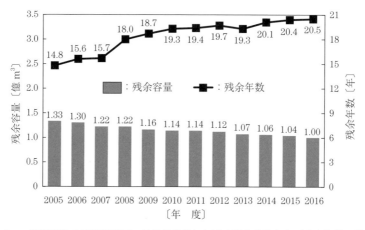

図 12.3　一般廃棄物の燃焼処理灰の最終処分場における残余容量および残余年数の推移 [1]

加していることがわかる。2016 年時点で一般廃棄物最終処分場は，1 661 施設，残余容量は約 1 億 m³ であり，残余年数は全国平均で約 20.5 年と後がない状況となっている。この相反する現象は，燃焼灰の比重になる。つまり，同じ燃焼灰でも溶融灰に転換すれば，比重が大きくなり，減容化できることになる。このように最終処分場では，処分場の大きさの制約から燃焼灰の比重が重要となる。一般的なごみの特性は，焼却飛灰の平均粒子径は約 15 〜 70 µm であり，焼却灰と比べると約 1/100 である。真比重においては焼却飛灰も焼却灰と同じく 2.5 〜 3.0 程度であるが比重は焼却灰の約 1 に比べて 1/2 〜 1/5 となる。燃焼灰溶融炉を適用すると灰比重 1.0，溶融スラグ比重 1.6，溶融飛灰比重 0.3 として算出し，投入灰に対し減容化率約 8 %，減量化率約 45 %，スラグ化率は約 96 % に転換することができ，最終処分場の延命化が図れる。

1998 年に「一般廃棄物の溶融固化物の再生利用の実施の促進について」が公布され，一般廃棄物の高温による溶融固化において 1 200℃以上の燃焼温度でダイオキシン類を分解し，環境保全を進めながら廃棄物の減容化を推進した。わが国の PFI（private finance initiative）/PPP（pubric private partnership）は 1999 年の PFI 法成立後で，一般廃棄物処理施設での DBO（design build and operate，設計，建設，運営を統合）第 1 号は 2002 年の北海道室蘭市西胆振地域廃棄物広域処理事業によって開始された[2]。

　このように市町村が公衆衛生を持続するうえで際限なくかつ，時とともに変化し続け，対応を求められる施策に一般廃棄物処理がある。一般廃棄物処理は，たんに家庭から廃棄されるごみを処理し，公衆衛生を維持・向上するだけでなく，地球温暖化への影響を懸念し，低炭素社会実現に向けての改善や，ゼロ・エミッション構想による循環型社会の実現に向けて改善を求められ，市民生活環境の向上に資する施策が盛り込まれてきた。さらに，昨今では地震や台風による災害などに対応すべく避難先としての機能が求められるとともに，「生活を守る」から「命を守る」という多機能な施設として位置づけられ，進化し続けている。

　一方，国連が提唱する SDGs の「目標 11：住み続けられるまちづくりを」にも連動しており，そのターゲットでは以下の項目が該当する[3]。

- 11-3：2030 年までに，誰も取り残さない持続可能なまちづくりを進める。すべての国で，誰もが参加できる形で持続可能なまちづくりを計画し実行できるような能力を高める。

- 11-6：2030 年までに，大気の質やごみの処理などに特に注意を払うなどして，都市に住む人（一人当り）が環境に与える影響を減らす。

- 11-7：2030 年までに，特に女性や子ども，お年寄りや障がいのある人などを含めて，誰もが，安全で使いやすい緑地や公共の場所を使えるようにする。

- 11-b：2020 年までに，誰も取り残さず，資源を効率的に使い，気候変動への対策や災害への備えを進める総合的な政策や計画をつくり，実施する都市やまちの数を大きく増やす。「仙台防災枠組 2015-2030」に従って，あらゆるレベルで災害のリスクの管理について定め，実施する。

　地方自治体における一般廃棄物処理の位置づけは，年々高度化し，重要な取組みとして進められている。忘れてはならないことは，自然界は廃棄物がゼロで循環していることである。

> **ルックバック**
>
> 廃棄物の仕組みをよく理解し，その在り方を見直し，廃棄物をエネルギーに転換する研究開発を念頭に置いて，これからの環境と社会を考えてみよう。

12.2　廃棄物処理

　廃棄物処理の課題は，不法投棄，不適正処理，不適正な管理にある。廃棄物処理法では，第3条「市町村が行うべき特別管理一般廃棄物の収集，運搬および処分に関する基準（当該基準において海洋を投入処分の場所とすることができる特別管理一般廃棄物を定めた場合における当該特別管理一般廃棄物にあっては，その投入の場所および方法が海洋汚染等および海上災害の防止に関する法律に基づき定められた場合におけるその投入の場所および方法に関する基準を除く）」とある。

　わが国の不法投棄量は，年間約40万トンで推移している また投棄件数は，1993年度274件であったものが2001年1 150件と増加傾向にあり，不法投棄対策に各市町村が苦慮している。また，不適処理では，建設汚泥やコンクリート塊などの産業廃棄物を土砂に混入し，建設発生土に偽装して埋め立てるなどの廃棄物処理法の脱法を意図した不法行為などがある。このような行為は，1993年183市町村に，2002年に357市町村で確認されている。さらに，不法投棄された物・土地が放置されたままになっていたり，原状回復が見過ごされたり，回復に租税（国民や住民から強制的に徴収された資金）によって行われたり，適切な管理がなされていないケースがある。

　図12.4に，北海道のサクラマスが遡上する清流で不法投棄された家具を示す。このように人目につきにくい場所での不法な行為は現在も続いている。

　ここで，世界に目を向け海洋不法投棄について考える[4]。1972年「ロンドン条約」（廃棄物その他の物の投棄による海洋汚染の防止に関する条約）が採択され，水銀，カドミウム，放射性廃棄物などの有害廃棄物を限定的に列挙

図 **12**.4 北海道のサクラマスが
遡上する清流で不法投
棄された家具

し，これらの海洋投棄のみを禁止した。その後の世界的な海洋環境保護の必要
性への認識の高まりを受けて，2006 年に廃棄物などの海洋投棄および洋上焼
却を原則禁止したうえで，例外的に浚渫物，下水汚泥など，海洋投棄を検討
できる品目を列挙するとともに，これらの品目を海洋投棄できる場合であって
も，厳格な条件のもとでのみ許可することとした。2018 年には，ロンドン条
約の締約国は 87 か国，ロンドン議定書の締約国は 51 か国（米国は議定書を
未締結）となった。

　ロンドン条約は，人の健康に危険をもたらし，生物資源および海洋生物に害
を与え，海洋の快適性を損なう行為や，他の適法な海洋の利用を妨げる恐れの
ある廃棄物の船舶などからの投棄による海洋汚染の防止を目的としている。

　1980 年，わが国はロンドン条約に批准し，以下のような取組みを実施して
いる。

① 　ロンドン条約の定める内容を「海防法」（海洋汚染等及び海上災害の防
　　止に関する法律）および「廃掃法」（廃棄物の処理及び清掃に関する法律）
　　によって国内実施してきている。

② 　ロンドン議定書の締結に際し，その国内実施のため，「海防法」を 2004
　　年に改正し，海洋投入処分の許可制度などを導入するとともに，廃棄物の
　　洋上焼却を禁止した。

③　さらに二酸化炭素の海底下貯留に関わる許可制度を導入するため，2007 年に海防法を再度改正している。

④　加えて，わが国から遵守グループに対して委員を派遣し，ロンドン条約およびロンドン議定書の遵守状況の評価に貢献している。

しかし，ロンドン条約の国際的な共通認識は，各国によって異なり，南沙諸島で問題となっているような海の埋立てについても，そのための土砂などの海への投入が投棄に当たるのか，あるいは配置に当たるのかが，紛争当事国間で争われた事例がある。シンガポールによる埋立て行為の違法性などを隣国のマレーシアが争ったシンガポール埋立て事件である。双方の主張は，国際海洋法裁判所の暫定措置命令の申請に際し，マレーシアがシンガポールの行為が投棄に該当すると主張したのに対し，シンガポールは単なる処分以外の目的のための配置に当たるとして反論した。そしてシンガポールは，当該行為の条約目的との整合性については，海洋法条約が人工島に関する規定を置いていることを根拠に，埋立ては条約上想定された活動類型であると主張した。

ルックバック

「トイレなきマンション」という格言は，まさにその技術開発の出口の指針を与えている。将来の形・姿を見据え，自問自答し，環境と社会を考えてみよう。

 ### 12.3　廃棄物の資源化

産業廃棄物の資源化は，ゼロエミッションや低炭素社会を実現するうえで重要な構想である。産業廃棄物の処理は，法令に従ってその産業廃棄物を自ら処理しなければならない[5]。また，「市町村は，単独にまたは共同して，一般廃棄物と合わせて処理することができる産業廃棄物その他市町村が処理することが必要であると認める産業廃棄物処理をその事務として行うことができる。さらに，都道府県は，産業廃棄物の適正な処理を確保するために都道府県が処理することが必要であると認める産業廃棄物の処理をその事務として行うことが

できる」（廃棄物処理法第 11 条）と明文化されている。なかでも，食品廃棄物と汚泥資源の有効活用は，公衆衛生を向上するうえでも重要な技術開発となる。

　産業廃棄物の資源化は，マテリアルとして農業用としての堆肥化，家畜への飼料化がある[6]。エネルギー利用には，発電・熱利用としてのバイオマスガス化や熱分解ガス化，固形燃料化，さらに直接燃焼があり，自動車用燃料としてのエタノール化やバイオディーゼルオイル化がある。さらに，燃料利用として炭化，トレファクション化がある。

　わが国の食品廃棄物は，2013 年に年間 632 万トンが発生し，その多くが焼却処分され，そのほとんどがエネルギー利用されていない。その要因は，高含水率にあり，熱エネルギー利用に必要な前処理のための乾燥エネルギーが経済的な実用化を阻んでいる。高含水率バイオマスに向く湿式メタン発酵を用いれば，食品廃棄物を微生物により発酵させ，メタンガスを発生し，燃料にして発電を行うことができる。処理工程は，廃棄物（食品廃棄物，動植物性残渣，汚泥など）を破砕した後，発酵に適した有機物と容器・包装紙などに分別する。その後，調整槽で分別した有機物を水分調整し，メタン発酵の原料として発酵槽に送る。発酵槽は嫌気性で，撹拌しながら約 37℃に加温し 20 日間程度かけて微生物の力によって有機物を発酵させ，バイオガスを発生する。バイオガスはガスホルダーに送られ一時貯留された後，ガスエンジンへ安定的に供給され，発電する。このとき，食品廃棄物の中には，食品ロスだけでなくコンビニエンスの弁当容器などプラスチックや紙の混入があり，われわれ一人ひとりの意識ある行動が求められるところである。

　食品廃棄物の中でも菜種油や廃食用油などは，液体燃料となる資源である。**バイオディーゼル**（bio diesel fuel，**BDF**）は，菜種油や廃食用油などをメチルエステル化して製造されるバイオ燃料である。BDF は硫黄分酸化物をほとんど含まないため，軽油と比較して硫黄酸化物の排出や黒煙を削減できる。BDFは，油脂を原料として脂肪酸メチルエステル（fatty acid methyl ester，FAME）を合成する。第 2 世代の BDF として，油脂を水素化分解した水素化植物油

（hydrotreated vegetable oil，HVO）が期待されている。HVO も FAME と同様に，植物油や廃食用油を原料として製造することができる。

　エステル交換反応の触媒には，一般的に水酸化カリウム（KOH）や水酸化ナトリウム（NaOH）などのアルカリが用いられる。処理工程は，原料中の不純物およびエステル化反応を阻害する水分の除去を行う。反応工程では，廃食油とメタノール（CH_3OH）をアルカリ触媒の存在下でエステル反応させ，副生したグリセリン（$C_3H_8O_3$）を除去し，バイオディーゼルオイルを生成する。

　食品廃棄物を固形燃焼化する技術には，**RDF**（refuse-derived fuel，**ごみ固形化燃料**）とバイオコークス化がある。RDF 技術では，生ごみ・廃プラスチック，古紙などの可燃性のごみを，粉砕・乾燥した後，生石灰を混合して成型装置によって圧縮・固化する。札幌市では，都市機能の一点集中型から分散型にする見地から開発した商業業務用地地域（副都心団地）に対して，住宅の快適空間の確保，災害防止，さらに環境保全に貢献しつつ，RDF を主要熱源としたロードヒーティング†1や熱供給を行っている。

　バイオコークス化技術では，の籾殻（もみがら），バーク†2，リンゴの搾り滓（しぼりかす），そば殻などを原料として高密かつ高硬度な固形バイオ燃料が製造できる[7]。バイオコークスは，石炭コークスを燃料とする施設において，カーボンニュートラルな新燃料として期待されている。バイオコークスを石炭コークスに一部代替し，二酸化炭素排出量を削減することができる。特に，ガス化溶融炉方式一般廃棄物処理施設において，石炭コークス代替を約 35% 以上で実現し，廃棄物資源の燃料化と廃棄物を減容化できる処理技術に適用できる。廃棄物を資源として燃料化したバイオコークスは，家庭の暖炉用燃料や農業用のボイラー燃料として，また商業用の窯の燃料および工業用の炉の燃料として用いることができる守備範囲の広いエネルギーである。

　最後に，海外での廃棄物処理について考える。2012 年 JICA（Japan International

---

†1　ロードヒーティング（road heating）：冬期に路上に積雪した雪を道路を温めて融かす社会整備のこと。
†2　バーク（bark）：樹皮のこと。

Cooperation Agency, 国際協力機構）協力準備調査（BOP ビジネス連携推進）における現地調査の様子を**図 12.5** に示す[8]。一般廃棄物を燃焼処理する慣習は ASEAN 諸国などにはないため，埋立て埋設処理を行っている。ラオスの首都ビエンチャンなどでは，最終処分場が満杯になると，さらに遠い場所に最終処分場を増設する国策になっているが，公衆衛生の面から JICA が中心となり，打開策を探っている。

（a）埋立地からの有機物のサンプル採取

（b）埋立地から採取されたペットボトル

（c）リサイクル可能品を選別

（d）医療系排気物処理設備

図 12.5 ラオスでのランドフィル（landfill，ごみ埋立て地）の様子

また，シンガポール国では一般廃棄物は燃焼処理されているが，灰分が残渣し，スマカウ島を最終処分場として海洋埋設処理を行っている。シンガポール政府は，スマカウ最終処分場の残余年数を 50 年に引き伸ばし，埋立てゼロを目指している[9]。

このように廃棄物処理は，世界各国の中長期の大きな課題であり，生活慣

習，人口推移などにより，廃棄物の質，廃棄物の量が変化する。このような質・量の変化に追従しながら，公衆衛生を向上しつつ低炭素・資源循環型社会の形成に貢献する技術開発としての発展が期待される。

ティータイム

　廃棄物の固形燃料化には，さまざまな取組みがあるが，それらの取組みに大きなブレーキをかけた事例がある[10]。2003 年三重ごみ固形燃料（RDF）発電所の RDF 貯蔵槽において火災事故が発生し，人命が失われた。津地方検察庁は，刑法上の業務上過失致死傷事件（消火懈怠により貯蔵槽爆発を招き 7 人を死傷させた疑い）の送検を受け裁判審判となった。この事故調査報告書では，発熱・発火・爆発の考察と経緯が詳細に報告されている。事故は，RDF が吸湿し，水分を含んだ状態になり有機物が発酵し発熱が生じ，有機物の化学的酸化による事故発熱により高温となり発火し，さまざまな可燃性ガスが発生し，貯蔵槽内に充満し，点検口などからの空気の流入や放水などにより酸素との混合が起こり，爆発限界に達し爆発したものと考察している。このような固体燃料の自然発火現象は，石炭貯留場でも生じインシデントな事故につながる可能性があり，燃料特性と生物学的な微小発熱に関する自然現象は，まだまだ解明が不十分なところである。

ルックバック

　廃棄物の資源化を深く学習し，廃棄物の在り方を考え，特に，その資源化技術に関し興味をもって，環境と社会について考えてみよう。

演 習 問 題

　食品残渣のエネルギー化は，高い水分含水率により利用の促進を妨げる。なかでも，食品残渣でもカレールーの皿に付着した分は，後片付けも厄介である。しかし，カレールーは，約 21 MJ/kg（5 120 kcal/kg）のエネルギーがあり，有望である。このカレールーからエネルギーを取り出す過程を述べよ。

13. 水素エネルギーによる
持続可能な社会形成に向けて

　資源に乏しいわが国にとって脱炭素社会は，化石燃料を基盤とした高度経済成長社会との離別とエネルギー自給自足型社会を構築する絶好の機会である。わが国の自給率は，2010 年には約 20% まで導入が進んだが，2018 年段階では約 12% まで下がり，東日本大震災以後，原子力発電が停止してからはさらに約 7% まで低下し，OECD[†]諸国と比べると低水準で推移している。水素社会の到来は世界の悲願であり，目指すべき究極の社会基盤である。本章では，その水素エネルギーの基礎を学ぶとともに，水素社会のキーテクノロジーである燃料電池について学ぶことで，その在り方について考える。

 ## 13.1　水素エネルギー

　水素は地球上で最も軽い元素（原子番号 1）であり，基本的には H 原子二つが共有結合で結びつき，原子が一直線に並ぶために結合の極性がたがいに打ち消し合い，分子全体として無極性分子になる水素（H_2）や三つの原子が折れ線形に結合するため，結合の極性が打ち消されず極性分子になる水（H_2O）として存在する。また，宇宙に最も多く存在する基本元素であり，無色，無味，無臭で毒性もなく，拡散速度は速く，水や炭化水素などの化合物として存在する。水素燃焼を介して熱エネルギーとして取り出す場合，空気中の燃焼範囲は

---

†　OECD（Organisation for Economic Co-operation and Development，経済協力開発機構）：1961 年に設立された世界の経済や社会福祉を向上させる活動をする国際機関。ヨーロッパを中心に日米など先進 38 か国（2021 年現在）が加盟している。

4 〜 75％，自然発火温度は約 571℃ であり，燃焼による火炎は目視では見えず，液化温度は −252.9℃ と極低温である。

　種々の原料から製造できる水素は，わが国におけるエネルギー自給率の改善とエネルギー安全保障を高めるうえにおいて重要な政策に位置している。特に，パリ協定[†]の発効を受けて，2050 年には温室効果ガスの排出を全体としてゼロにする脱炭素社会の実現を宣言したことで，他の再生可能エネルギー導入とともに，水素社会の実現を目指している。

　電力分野では，再生可能エネルギーの主軸である太陽光発電や風力発電は，FIT 制度導入によって導入量が大きく伸びた反面，その問題点も浮き彫りになった。特に，電力エネルギー需要を電力出力が不安定な再生可能エネルギーの割合を多くし供給する場合，最大需要の数倍の再生可能エネルギー電力量を前もって準備しなければブラックアウトが生じることになり，その結果，再生可能エネルギー供給がつねに過剰となり熱エネルギーとして放熱（散逸）せざるを得ない。また，発電現場では時間単位での需要・供給量の負荷変動に対応する調整が必要となり，燃焼制御が容易な火力発電に依存せざるを得ないジレンマなどが存在する。

　このような状況を脱するために，余剰電力（電気分解など）で生成した水素で発電できる燃料電池や水素ガスタービンなどを用いれば，再生可能エネルギーの導入数を減少させることができ，火力発電による調整も必要でなくなり，二酸化炭素の排出を抑制できる。さらに，水素は蓄電池とは異なり，大規模に長時間の貯蔵も可能であることから，季節変動にも対応できるエネルギーとして期待できる。

　運輸部門で燃料電池自動車を普及させることは，モビリティの低炭素化を実現できるので，社会全体の脱炭素への取組みを加速することができる。実社会での運輸部門での低炭素化は，電気自動車（EV）の導入が先行しがちである。しかし現状では，電気エネルギーはおもに化石燃料を源としており，決して低

---

　†　パリ協定：2015 年の国連気候変動枠組条約締結国会議（COP21）において採択された 2020 年以降の温室効果ガス排出量削減などのための国際枠組み。2016 年に発効した。

炭素化が実現できていない点を注意しなければならない。一方，航続距離や積載量の観点から，自家用車には EV 導入が優位であるが，大型・長距離移動モビリティには EV よりも燃料電池車が優位となる。

　全国地球温暖化防止活動推進センター（Japan Center for Climate Change Actions, JCCCA）によると，2019 年度の日本の部門別二酸化炭素排出量の約34.7% を占める産業部門では，鉄鋼約 40%，化学工業約 15%，機械製造業約 10%，窯業約 8%，パルプ約 5% などで化石燃料を大量に消費しているため，大電力電化が難しく水素燃料の多角的な用途開発が必要となり，大規模水素製造プロセスの技術開発が期待される[1]。

　多岐にわたる各種の水素製造プロセスを**図 13.1** に示す。水素は，おもに化

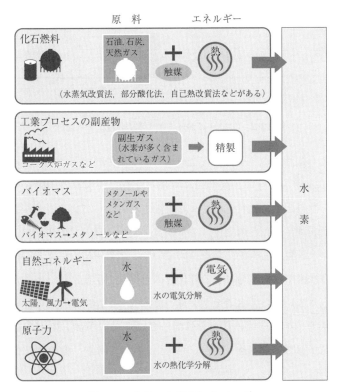

図 13.1　各種の水素製造プロセス[2]

石燃料から生成され工業プロセスの副産物として精製したり，バイオマスから触媒などを介して転換することができる。さらに，太陽発電（太陽光，太陽熱も含む）や風力発電などの再生可能エネルギーによる電気分解や，原子力発電による熱化学分解によって生成することができる。

　水素社会を実現するには，水素燃料を低コストに大量製造するプロセスとインフラが必要である。**図 13.2** に資源エネルギー庁の総合資源エネルギー調査会が試算した 2030 年における電源別の発電コストの比較を示す[3]。

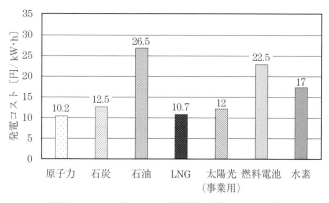

図 13.2　2030 年における電源別の発電コスト比較

　なお，最も低価格の原子力は安全設備の追加費や核廃棄物処理費用は除いていることに注意されたい。次世代エネルギーを担う水素の価格も現状では高く，それを燃料とする燃料電池による電力も高くなっている。わが国では現状での再生可能エネルギーの発電コストが高いため，海外での未利用エネルギーを利用した水素製造技術の開発を進めている。太陽光電力による石炭（褐炭など）からの水素や水力電力による随伴ガス（原油の生産に伴い油井から同時に採取されるガス）からの水素をタンカーで輸入し，国内拠点での貯蔵から利用までのサプライチェーンの構築を目指している。しかし，2030 年時点での水素製造コストは 30 円/Nm^{3}[†] として 17 円/kW·h であり，他の燃料に比べて水

---

†　Nm^{3}：標準状態での気体の体積（m^{3}）を表す単位。ノルマルリューベ。

素発電コストは高く，2050年には20円/Nm^{3}まで削減することで，太陽光発電と同等まで低コスト化することを目指すとしている。これを実現するためには，水素製造，貯蔵・輸送，発電の各段階での低コスト化のための技術開発が必要である。特に水素の貯蔵・輸送には，液化水素，有機ハイドライド，アンモニア，カーボンニュートラルメタンなどが有力候補となる。さらに，再生可能エネルギー由来の水素製造や水素パイプラインなどの議論や，サプライチェーン全体の健全化を図るうえで海外での化石燃料からの水素製造において二酸化炭素が副産物として排出したりするため，二酸化炭素を回収・貯留（CCS）する技術開発が重要となる。

　特に，水素パイプラインの技術開発では，水素漏洩，金属パイプの水素脆性破壊などの技術的な課題やテロリストの標的になるのではという政治的な憶測などが危惧されている。世界各国で水素パイプラインの実証試験が取り組まれ，圧力が1 MPa以下であったり，適切な埋設工事を施したりすれば水素漏洩や水素脆化を改善できる可能性が報告されており，フランスのAir Liquide社では実際に水素パイプラインを施工している。

　燃焼工学的な見地からは，水素の燃焼速度が他の炭化水素系燃料（メタンなど）に比べて伝播が速いため，逆火や爆発などの安全性対策がより求められる。さらに，水素漏洩は最も危険な人災事故につながるため，水素検知器（1 000 ppm以下）の性能向上により漏洩防止に取り組んでいる。水素の基礎特性や備蓄特性，燃焼特性などを深く理解し，安全データに基づいた施工・管理をすることで，水素社会を構築することが望まれる。

┤ルックバック├

　水素エネルギーの製造，貯蔵の仕組みを深く学び，より公平に行き渡るよう安価な水素エネルギーを生み出すための技術開発について考えてみよう。

```
┌─ ティータイム ──────────────────────────────────┐
```
　世界の中でもわが国の水素社会に向けた動きは進んでおり，輸送が難しく利用先が限定されている低品質な石炭である「褐炭」をガス化して水素を取り出し，副生された二酸化炭素は回収し，褐炭の採掘跡の地中へ貯留する CCS を用いて二酸化炭素フリー水素が製造できる。わが国の褐炭水素プロジェクトでは，世界初の水素輸送船によって神戸港へ輸送し，神戸港では −253℃を保つ貯蔵タンクで備蓄し，発電や輸送など水素社会実現に向けた実証試験（HySTRA）[†1]が行われている。

13.2　燃　料　電　池

燃料電池（fuel cell）の歴史は，1839 年 William Grove により始まる。1965年には宇宙船ジェミニに固体高分子形燃料電池が搭載され，1967 〜 1976 年には TARGET 計画[†2] によって小型民生用燃料電池開発が始まり，民間開発へ移行する。燃料電池の実用化は，小型定置用燃料電池（家庭用燃料電池），燃料電池自動車，燃料電池鉄道車両，モバイル電子機器用燃料電池，船舶および小型移動体など幅広い分野で開発が期待できる。

図 13.3 に水の電気分解と燃料電池の仕組みを示す。燃料電池の発電原理は，水の電気分解の逆反応である。水の電気分解は，水酸化ナトリウム水溶液に電極を漬け，電線に電池をつなぐと電池のマイナス側から流れ出した電子と電解液が反応してマイナス極に水素と水酸化イオンを発生する。水溶液中を移動してきた水酸化イオンは，プラス極で反応して酸素と電子と水を生成する。燃料

---

†1　HySTRA：技術研究組合 CO_2 フリー水素サプライチェーン推進機構。褐炭を有効利用した水素製造，輸送・貯蔵，利用からなる CO_2 フリー水素サプライチェーンの構築と，2030 年頃の実用化を目指す技術確立と実証に取り組む企業団体。参加企業は，岩谷産業株式会社，川崎重工業株式会社，シェルジャパン株式会社，電源開発株式会社，丸紅株式会社，ENEOS 株式会社，川崎汽船株式会社の 7 社である。

†2　TARGET 計画：米国を中心とするガス会社 28 社が出資して Team to Advance Research for Gas Energy Transformaton Inc. を設立し，天然ガスを一次燃料に用いる燃料電池発電装置の開発を行った計画。

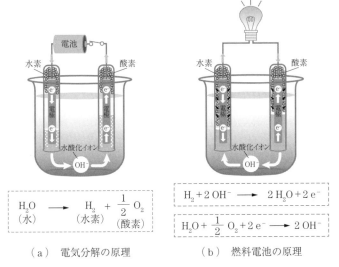

（a） 電気分解の原理   （b） 燃料電池の原理

図 13.3 水の電気分解と燃料電池の仕組み

電池はこの逆で，試験管内に水素と酸素が発生した状態で乾電池を豆電球に変更すると，マイナス極（水電解とはプラスマイナスは逆になる）では水素と水酸化イオンが反応して水と電子を生成し，この電子が外部回路を通ることで豆電球を点灯させる。プラス極では，水溶液中を移動してきた水酸化イオンと酸素と電子が反応して水を生成する。このように燃料電池における発電は，内燃機関のような化学反応ではなく電気化学反応であることが大きな特徴であり，燃料がもつ化学エネルギーを直接電気エネルギーへ変換するため発電効率が高い。

　例えば，水素燃料電池の発電効率を考える。水素燃料電池の反応は，水の生成反応であり，25℃でこの反応が生じたと考える（**図 13.4**）。ここで，図中の（g）は気相，（l）は液相をそれぞれ示す。また，図中の数値は液体の水が生成された場合のエネルギーであり，**高位発熱量**（Higher Heating Value，**HHV**）と呼ばれ，［ ］内の数値は水が水蒸気として生成された場合のエネルギーであり**低位発熱量**（Lower Heating Value，**LHV**）と呼ばれる。すなわち，反応で生じた水蒸気が凝縮する際に放熱する熱量を含んでいるのは HHV とな

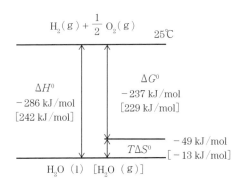

$$H_2(g) + \frac{1}{2} O_2(g)$$

25℃

ΔH^0
$-286\,\text{kJ/mol}$
$[242\,\text{kJ/mol}]$

ΔG^0
$-237\,\text{kJ/mol}$
$[229\,\text{kJ/mol}]$

$-49\,\text{kJ/mol}$
$[-13\,\text{kJ/mol}]$

$T\Delta S^0$

$H_2O\,(l)\,[H_2O\,(g)]$

図 13.4　水の生成反応と
エネルギー準位

る。ここで，水の生成反応で必要なエネルギー ΔH_0 は $-286\,\text{kJ/mol}$ なので，燃料電池の発電反応は発熱反応であることがわかる。このうち仕事として取り出せるエネルギー（**ギブスの自由エネルギー**，Gibbs free energy）は ΔG_0 であり，残りの $T\Delta S_0$ は仕事には使用できない熱として放出される。そのため，燃料電池の発電効率は HHV で 83%，LHV で 95% となる。もし，これを理想サイクルであるカルノーサイクル（Carnot cycle）として実現しようとすると，高温側の熱源を 1 753 K まで上昇させなければならない。また実際には熱損失や機械的損失などが生じるため，さらなる温度上昇が必要となる。このことから燃料電池の優れた特徴が理解できる。

　燃料電池は燃料のもつ化学エネルギーを直接電気エネルギーに変換できるので，その理論発電効率はギブスの自由エネルギー ΔG と燃焼エンタルピー ΔH の単純な比で求められ，80% ほどの高い値となる。もっとも実際にはさまざまな内部損失があり，実際の発電効率は 50% ほどになる。しかし，発電に伴う排熱を利用した**コジェネレーション**（cogeneration）を導入すれば，総合効率は 80% ほどになり，優れたエネルギーの有効利用が期待できる。

　このように燃料電池のメリットは，高い発電効率にある。エネルギー転換に伴って発生する損失が少なく，世界最高レベルの発電効率は 63%，燃料利用率は 90% に達している。特に，固体酸化物形燃料電池（SOFC）開発では，排ガス中に，窒素酸化物（NOx），硫黄酸化物（SOx）をほとんど含まず，多様な燃料が利用可能であったり，廃棄物のもつエネルギーを有効利用するリサ

イクルシステムの実現が可能であったりする。さらに，エンジンやタービンのような騒音・振動を発生するものがなく，定置設置でも低騒音・低振動で発電できる。

> ┌─**ルックバック**─┐
>
> 燃料電池の仕組みを深く学習し，その特性を活かすことを学ぶ。特に，エネルギーのベストミックスは，将来のエネルギー供給を安定的に支える重要な仕組みであり，未来の形・姿を考えてみよう。

13.3　従来型燃料電池

　燃料電池は電解質内を移動するイオンによって，**表 13.1** に示すように運転温度や電池構成が異なる。燃料電池は大きく低温型と高温型に分類され，低温型は ① ダイレクトメタノール燃料電池（DMFC），② 固体高分子形燃料電池（PEFC），③ リン酸形燃料電池（PAFC）の 3 種類であり，高温型は ④ 溶融炭

表 13.1　各種燃料電池の特徴

種　類	DMFC	PEFC	PAFC	MCFC	SOFC
電解質	高分子膜	高分子膜	リン酸水溶液	溶融炭酸塩 （LiCO₃ など）	安定化ジルコニア （$ZrO_2 + Y_2O_3$）
燃　料	水　素	水　素	水　素	水素，一酸化炭素	水素，一酸化炭素
使用可能な原燃料	メタノール	天然ガス，LPG，メタノール，ナフサ，灯油	天然ガス，LPG，メタノール，ナフサ，灯油	天然ガス，LPG，メタノール，ナフサ，灯油，石炭ガス化ガス	天然ガス，LPG，メタノール，ナフサ，灯油，石炭ガス化ガス
作動温度	低　温　型			高　温　型	
	70〜90℃	70〜90℃	約 200℃	650〜700℃	800〜1 000℃
発電効率（LHV）	30〜40%		35〜45%	45〜60%	50〜65%
適用用途	携帯機器	携帯機器，家庭用，業務用，自動車用	業務用	業務用	家庭用，業務用
電解質中を移動するイオン（移動方向）	水素イオン(H⁺) （燃料極→空気極）	水素イオン(H⁺) （燃料極→空気極）	水素イオン(H⁺) （燃料極→空気極）	炭酸イオン(CO_3^{2-}) （空気極→燃料極）	酸素イオン(O^{2-}) （空気極→燃料極）

酸塩形燃料電池（MCFC），⑤ 固体酸化物形燃料電池（SOFC）の 2 種類である。低温型の移動イオンは基本的にプロトン（H^+）であり，電池反応のエネルギー障壁を超えるために白金触媒を用いなければならず，このことが製造コストを引き上げる要因となっている。DMFC と PEFC では，このプロトンを移動させる電解質に高分子膜を用いるので，運転温度は 70 〜 90℃である。PAFC ではリン酸を用いるため運転温度は 200℃を要する。PEFC と PAFC の燃料には水素が必要であり，都市ガスなどから改質器を用いて水素生成するので，改質器稼働のためのエネルギー供給が必要となりシステム効率は低下することになる。さらに，これら低温型は白金電極触媒を用いるため，燃料ガス中に一酸化炭素が含まれていると，一酸化炭素が白金に吸着して水素の吸着を阻害し，性能を劣化させるため（一酸化炭素被毒），燃料ガスから一酸化炭素を取り除く装置も必要となる。しかし，運転温度が低いために，起動時間が短く，純水素を使用できるのであれば小型化も容易である。また，移動イオンはアノード極からカソード極へ移動するため，生成水は空気供給側のカソード極側に排水されるので，排水機構は簡便なものでよい。

　高温型の移動イオンは，MCFC では炭酸イオン（CO_3^{2-}），SOFC では酸素イオン（O^{2-}）であり，どちらもイオンを移動させる温度が高いため電極には白金などの貴金属触媒は不要であり，基本的にはニッケル系触媒を用いているので安価である。また，一酸化炭素も直接燃料として使用できるため，低温型で用いている一酸化炭素変成器などの補機は不要である。さらに，移動イオンはカソード極からアノード極へ移動することから，生成水は燃料供給側のアノード極側へ排水されるが，運転温度が高いために過熱水蒸気として排気される。通常，この未利用水素を含んだ排ガスは，燃焼させることで燃料電池の温度維持に使われる。その後，熱交換器などで凝縮水として回収されることになる。しかし，高温型であることから，外部からの熱供給無しで燃料電池の発電反応に伴う発熱量と上述した未利用水素の燃焼熱を使っての熱自立運転をさせるには，ある程度の大きさが必要となる。そのため，起動時間は 1 週間程度必要となることから，低温型のようなモバイル型での使用ではなく，中小規模の発電

所や家庭用発電機のベース電源として用いられることが期待されている。

ダイレクトメタノール燃料電池（Direct Methanol Fuel Cell, **DMFC**）は，**図 13**.**5** に示すように，固体高分子膜を両極の触媒層とガス拡散層を熱圧着した膜電極接合体（Membrane Electrode Assembly, MEA）をガス流路で挟んだ構成からなる。燃料には 54 ％の高濃度メタノール水溶液を用い，アノード電極でプロトンと二酸化炭素と電子に分離反応する。酸化剤ガスには空気を用い，カソード電極で空気中の酸素と移動してきたプロトンおよび電子と反応し水を生成することで発電する。DMFC の燃料には高濃度メタノール水溶液を用いるため，ガソリンや軽油と異なり長期保存してもほとんど劣化せず，非常用電源として用いられることが多い。また，化学電池の用途のような低出力であれば，通常の燃料電池のように流量調整したガス供給の必要がないパッシブ型として，アノード極はメタノール水溶液に浸しておき，カソード極は大気に開放して自然拡散のみで酸素供給が行えるため，モバイル系電源としての用途としても多く用いられている。

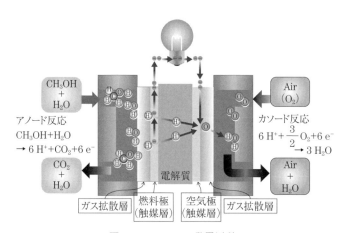

図 13.**5** DMFC の発電原理

しかし，DMFC では電解質膜を燃料であるメタノール水溶液中の水によって湿潤させてプロトン伝導性を確保しているが，この水と発電時に生成される生成水ともにメタノールも膜に浸透し，カソード側へメタノールがゆっくりと漏

れ出すクロスリーク（cross leakage）が生じ，電池性能を劣化させる問題を克服しなければならない。

図 13.6 に固体高分子形燃料電池（Polymer Electrolyte Fuel Cell，**PEFC**）の発電原理を示す。基本的には DMFC と同じであり，固体高分子膜によるプロトン輸送され，電極触媒として白金が用いられて発電を行う。この白金使用がコスト高の原因となっているため，白金使用量の低減や代替白金触媒の開発が PEFC の研究開発の主流となっている。しかし，PEFC はさまざまな燃料電池の中でも商品化が最も進んでおり，2009 年家庭用発電システムが，2014 年に**燃料電池自動車**（Fuel Cell Electric Vehicle，**FCV**）が商業化された。特に，家庭用燃料電池は定置型として都市ガスを改質した水素を燃料として発電し，FCV は移動体型として純水素を充填した高圧水素ボンベを搭載しているため，両者のシステムは基本的に異なる。

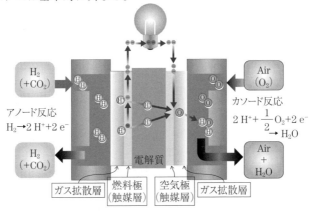

図 13.6 PEFC の発電原理

リン酸形燃料電池（Phosphoric Acid Fuel Cell，**PAFC**）は，1973 年から研究開発が行われた燃料電池の先駆者的な存在である。PAFC の発電原理を**図 13.7 に示す**。固体高分子形燃料電池（PEFC）と同様にプロトンが約 200℃に加熱された液相のリン酸を移動することによって発電する。運転温度が 200℃であることや，都市ガスやバイオガスなどを約 700℃の水蒸気改質によって水素を生成し PAFC に供給しており，改質後のガスの冷却や PAFC 自体を 200℃

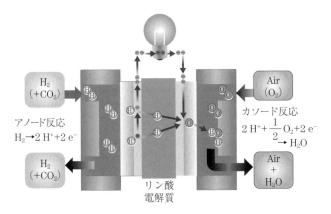

図 13.7　PAFC の発電原理

に保つために水冷している。PAFC システムではこの冷却水によって，60℃程度の中温水や 80℃程度の高温水を大量に排出するため，温水利用の多い病院やホテル，オフィスビルなどで設置されている。さらに，高温水を利用した吸収式冷凍機を用いた冷房と接続し，熱電併給型の燃料電池として利用されている。

　また，PAFC システムには改質器が付いているので，水素製造を行うことで水素ステーションなどへも供給でき，電気・熱・水素のトリジェネレーション†装置ともなりうる。PAFC システムは，都市ガスやバイオガスの一部を燃焼して改質器を 700℃に保ち，その排ガスを用いて PAFC の運転温度を 200℃に保っているため，水素インフラが整っている場合には改質器がポイントとなり，都市ガス利用エリアではなく，下水処理場などのバイオガスの利用によって，さらなる循環型社会の実現が期待できる。

　溶融炭酸塩形燃料電池（Molten-Carbonate Fuel Cells，**MCFC**）は，高温型燃料電池であり電極触媒に白金などの貴金属が不要なので，製造コストが安い。また，アノード極側の流路に改質触媒を充填すれば外部の改質器も不要となり，システムコストの低減も図れる。さらに，MCFC の運転温度である 650℃

---

†　トリジェネレーション：電気と熱を発生できるコジェネレーションに加えて，水素や二酸化炭素利用といった三つ目の物質も作り出せるシステム。

を電池反応の発熱量だけで維持するためにある程度の大きさが必要であり，火力代替用として $200 \sim 300$ kW を 1 モジュールとして開発されてきた。

その発電原理は**図 13**.8 に示すように，他の燃料電池の移動イオンは水素イオンもしくは酸素イオンであるのに対し，MCFC は炭酸イオン（CO_3^{2-}）を移動させることで発電を行う。電解質には，強アルカリを示すリチウム・カリウム（Li/K）系共晶塩もしくはリチウム・ナトリウム（Li/Na）系共晶塩の液相電解質を用いている。また，カソード極側で酸素と二酸化炭素で炭酸イオンを作って電解質を移動し，アノード極側で水素と炭酸イオンを反応させて二酸化炭素と水を生成する。アノード極側で生成された二酸化炭素をカソード極側にリサイクルすることによって循環させ，二酸化炭素排出量を低減することも可能となる。

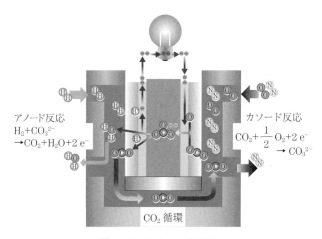

アノード反応
$$H_2+CO_3^{2-}$$
$$\rightarrow CO_2+H_2O+2\ e^-$$

カソード反応
$$CO_2+\frac{1}{2}\ O_2+2\ e^-$$
$$\rightarrow CO_3^{2-}$$

CO_2 循環

図 13.8　MCFC の発電原理

また，これを利用すれば火力発電所の排ガスをカソード極側に供給すれば，排ガス中に含まれる 20% 程度の二酸化炭素をアノード側で濃縮することができ，発電とともに二酸化炭素濃縮が可能となる。さらに，コンバインドサイクル（Combined Cycle，CC）火力発電所に導入した場合，排ガス中の二酸化炭素を約 1/10 まで低減させながら MCFC で 84 MW 発電も可能であることが試算されている[4]。

　固体酸化物形燃料電池（Solid Oxide Fuel Cell，**SOFC**）は，酸素イオンを移動させることで発電する燃料電池であり，その発電原理を**図 13.9** に示す。SOFC の開発は 1978 年から始まったムーンライト計画の中で 1981 年から参画しているが，セラミックス製電解質が酸素イオンを透過させるためには 1 000℃程度まで加熱しなければならず，金属材料が使用できないなど，この温度域に伴う技術的課題が山積したため，一時期，世界での開発スピードが鈍化した。しかし，セラミックスの加工技術の向上に伴い耐熱衝撃性や電解質の薄膜化による抵抗低減などが可能となり，運転温度が MCFC に近い 700℃まで低下した。これによって，各国で SOFC の開発が新たな段階へと入ったが，セラミックスは当初の開発目標であったガスタービンや蒸気タービンとの火力代替の大型複合発電用ではなく，加工しやすい小型用途への展開が進んだ。しかし，運転温度が 700℃の SOFC は，PEFC のように起動停止が簡単にできず，発電反応熱および都市ガス燃焼による加熱で SOFC の温度を 700℃に保持するためにお湯がほとんど作れなかったため，制約が少なくつねにお湯を必要としない生活慣習分野への普及が進んでいる。

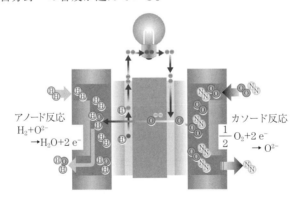

アノード反応
$H_2 + O^{2-}$
$\rightarrow H_2O + 2\,e^-$

カソード反応
$\frac{1}{2}\,O_2 + 2\,e^-$
$\rightarrow O^{2-}$

図 13.9　SOFC の発電原理

　一方，大型化については円筒型スタックとマイクロガスタービンを組み込んだ 250 kW 級のシステム開発が進んでいる。この SOFC も高温型であるため水素インフラが整った場合，現状導入されている分野には PEFC で十分である。しかし，MCFC と同様に高温型なので，下水処理場やごみ処理場などでの炭化

水素が発生する分野ではメリットがあり，燃料電池の種類によっては多くの用途が期待できる。

 # 13.4　新型燃料電池

　従来型燃料電池がそれぞれの強みを発揮できる分野において商品化が進む中，電気化学反応を用いて燃料の多様性を追求する新型燃料電池の研究開発が進んでいる。**ダイレクトカーボン燃料電池**（Direct Carbon Fuel Cell，**DCFC**）は，大別すると SOFC を基盤（S-DCFC）としたものと，MCFC を基盤（M-DCFC）としたものの2タイプがある。SOFC では，都市ガスの主成分であるメタンを直接燃料として供給できるとしているが，水蒸気がないドライメタンであればニッケルであるアノード電極表面でカーボンが析出し，電池性能を劣化させる問題が生じていた。

　図 13.10 に DCFC の発電原理を示す。図（a）に示す S-DCFC は，SOFC のこの問題を逆手に取って，析出したカーボンを直接燃料として発電に使用するものである。電池構成は SOFC そのものであるため，運転温度は 700 ～ 1 000℃ となる。発電反応は，図のようにカソード極側で酸素イオンを発生させ，アノード極側で酸素イオンと固形炭素燃料を反応させて二酸化炭素を生成させることで発電を行う。石炭などの固形炭素燃料を連続供給できれば連続発電も可能である。しかし，酸素イオンはセラミックス電解質板中の移動は容易であるがアノード極での移動抵抗が大きいため，酸素イオン-アノード極-固形炭素が接触する反応場を十分に形成することは難しく，その輸送抵抗が性能を左右する。

　一方，図（b）に示す M-DCFC は，カソード極側で MCFC と同様に炭酸イオンを発生させ，アノード極側で炭酸イオンと固形炭素燃料と反応させて二酸化炭素を生成することで発電を行う。S-DCFC と大きく異なるのは，カソード反応は二酸化炭素が必要で，アノード反応で生成した二酸化炭素をカソード極側へ循環供給させるために，S-DCFC よりも二酸化炭素の排出量を抑えること

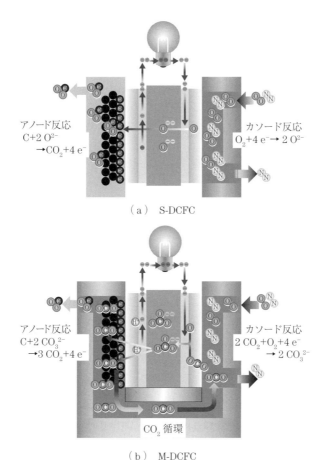

（a）　S-DCFC

（b）　M-DCFC

図 13.10　DCFC の発電原理

ができる。また，アノード極側の反応場には液体の溶融塩が必要であり，この
液体溶融塩を介していることから，S-DCFC の固体（燃料）−固体（電極）の
界面ではなく，固体（燃料）−液体（電解質）−固体（電極）で反応場が形成
されるため，電子やイオン移動の界面抵抗が小さく，電池性能は S-DCFC に比
べて良好である。MCFC 単電池のアノード極側に活性炭や褐炭を充填した
M-DCFC の性能は，電流密度 $60\,\mathrm{mA/cm^2}$ で $650\,\mathrm{mV}$ の性能を得ることができ
る[5]。

つぎに**微生物燃料電池**（Microbial Fuel Cell, **MFC**）は，これまでの燃料電池とは異なり，微生物が有機物を分解する過程で生じる電子を利用する。発電原理は**図 13.11** に示すように，アノード槽に微生物を含んだ下水汚泥や汚水などの有機廃棄物燃料溶液を供給すると，微生物が有機物を分解し電子をアノード極へ放出し，それと同時に水素イオン（H^+）と二酸化炭素を放出する。一般的にアノード極には，微生物がバイオフィルムを作成しやすいように，比表面積が大きく溶液が出入りしやすいグラファイトフェルトを用いることが多い。微生物が直接電子を放出できない場合，メディエーターと呼ばれる電子輸送物質を用いて微生物から電子を受け取り，アノード極へ電子を輸送する。

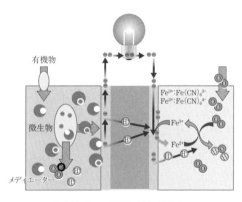

図 13.11　MFC の発電原理

しかし，メディエーターは運転中に劣化して補充が必要となるが，メディエーターが多すぎると微生物が死滅するため，現在では直接電子輸送ができる微生物の選定が行われている。水素イオンは，PEFC で使用されているプロトン透過膜によってカソード極へ送られる。カソード極にはグラファイト電極が用いられ，カソード槽には電子受容体となるフェリシアン化カリウムや酸化マンガンなどの酸化剤が充填されている。このカソード槽へ供給された空気中の酸素，および輸送されてきたプロトンと電子が酸化剤と反応して，水を生成することで発電反応が生じるが，MFC の出力は他の燃料電池に比べてきわめて低く，反応性の向上を目指してカソード電極に PEFC と同様，白金触媒を用い

て直接空気と接触させた MFC も技術開発されている。

　さらに MFC は，下水処理を行う過程で副産物として発電が可能となるため，水素インフラ整備による他の燃料電池との競合はほとんどない。また，メタン菌を使ったメタン発酵によるバイオガス製造の現場に適用することによって，メタンガス製造から微生物発電へと進展する可能性がある。

┌ ティータイム ┐

　わが国の溶融炭酸塩型燃料電池（MCFC）の研究開発は，1981 年ムーンライト計画として多くの企業の参画のもとキックオフし，1999 年に 1 MW プラントが実証された後，ガスタービンとの連携を想定した加圧型 MCFC の開発へ移行し，2005 年には分散型電源を想定した。さらに愛知万博で 300 kW 級 MCFC が実証試験され，2006 年中部臨空都市へ移設されて実証試験が続行されたが，加圧型の開発が難航したことと米国が 250 kW 級常圧型の商品化に成功したため，わが国は MCFC の開発から撤退している。しかし，海外では商品化された MCFC が下水処理場や牧場などから排気されるバイオガスなどを燃料とし市場へ普及しつづけている。このように MCFC は，固体高分子型燃料電池（PEFC）などの純水素だけを燃料とするものではなく，下水汚泥や家畜の糞尿処理などと連結し環境保全に役立っている。また，火力発電所の排ガスをカソードガスとして供給すれば二酸化炭素濃縮を濃縮しながら発電も可能であることから多様な価値観を造り出すことができ，発展性が期待できる。

┌ ルックバック ┐

　新型燃料電池の仕組みを深く学び，その利用可能性と，特に将来，新しいエネルギーシステムを組み込むための環境と社会について考えてみよう。

演 習 問 題

　回収した二酸化炭素を地中へ戻す CCS（二酸化炭素の回収・貯留）とは異なり，現在では EOR（Enhanced Oil Recovery，原油増進回収法）という手法も採用されはじめている。この EOR について述べよ。

14. 農業による持続可能な社会形成に向けて

多くの生物学者に認められている「生物（organism）」の定義は，① 外界と膜（membrane）で仕切られている，② 代謝（metabolism）を行う，③ 自分の複製（replication）を作る，の三つの条件からなる[1]。特に②の条件は，生体組織を構成して生命を維持するためには，温度など適切な環境条件のもとで外界から物質やエネルギーを取り込んで生体内での変換・利用などを経て不要なものを外界に放出するということを意味し，「散逸構造」や「動的平衡」と表現されることもある[1]~[3]。すなわち，弱肉強食の食物連鎖から鑑みると，相利関係を維持しながら種の保存を続けるためには，エネルギーと食糧の確保は人類最大の試練である。本章では，食を科学しその解決策について考える。

 ## 14.1 農業と気象

地球環境に影響を及ぼす食物連鎖の頂点に位置する人類は，他の生物と根本的に異なる活動が存在する。生物が自然の進化の中で生命維持のために食べ物を安定的に生産する行動の存在が大きいといわれている。ある種のアリなどの昆虫は，人類が農業を始めた数百年も前から農業を始めていたという説がある[1],[4]。アリといえば，無数の個体が集まって分業化された現代社会のような構成をなしている。このアリが文明を構築しているかどうか未解明であるが，少なくとも地球環境の恵みの中で慎ましく生き続けていることは事実である。人類が最初に始めた農業も，地球が与えてくれた自然の恵みに決して逆らわない慎ましいものであったに違いないが，現在社会を省みれば，まったくアリのように振る舞うことができなかったことがわかる。

　はるか昔の人類は，他の多くの動物種と同じく，身近にある食べ物のみを狩猟採集して生き延びてきた。ところが，氷河期が終わって比較的温暖で気候が安定した約1万2000年前の完新世に入ると，世界各地で農耕牧畜への転換が進んだ[3)~5)]。この根底には，少ない労力で多くの食べ物を得たいという欲求や，ある種の必要に迫られたことなどがあると思われるが，人類がこれを実現できた要因は，創意工夫する知恵，それを具現化する技術，そして何世代にもわたって知識を蓄積する能力を備えていたためであろう。

　例えば，小麦（wheat）は，もともとは特定の地域で自生し，食べることのできる小さな種子が実る自然種の野草（wild grass）であった。その中で，相対的に種子が大きいとか風雨で種子が落ちないなど都合のよい特徴をもつものを選んで，それらの種子を繰り返し植えることで，何千年という歳月をかけて育種（breeding）を進めてきたのである。これは，ある種の動物の家畜化も同様である[4)]。人類最初の農業革命ともいわれる狩猟採集から農耕牧畜への緩やかな移行は，このようになされ，社会や文明が形成される礎にもなった。

　多くの生物が，自己生体組織を構成して生命を維持するために必要とされるものとして，水，光，酸素，二酸化炭素（植物の場合），そして炭水化物（carbohydrates），タンパク質（protein），脂質（lipid）という3大栄養素がある（**図14.1**）。

|（a）炭水化物|（b）タンパク質|（c）脂　質|

図14.1　3大栄養素

　定住型で農耕を続けるためには，水はもちろんであるが，作物の収穫によって土壌から失われる栄養素〔肥料の3要素：窒素（N），リン（P），カリウム（K）〕を補給しなければならない。肥沃な大河の流域に栄えた古代都市では，

これらの栄養素が上流からたゆみなく運ばれ，繰り返される氾濫から都市を守り，増加する人口を飢えから救うために安定的な食糧生産が不可欠となった。

作物に必要な栄養素を**図 14.2** に示す。窒素は，タンパク質の原料となる重要な必須元素の一つでもあり，自然界の循環の中で空気中に最も多く含まれる物質であるが，すべての動植物は，空気中から窒素を直接に取り込むことができない。したがって自然の摂理は，植物は硝酸塩の形で根から吸収し，動物は食物連鎖を通じて体内に取り入れ，アンモニアに変換し体外へ排出し，循環する。

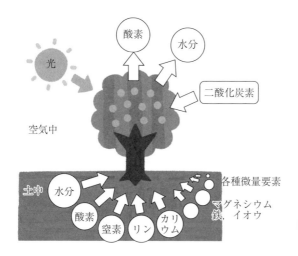

図 14.2 作物に必要な栄養素

まず人類が見出した伝統的な農法では，マメ科植物を植えることによって，ある種の土壌微生物などが空気中の窒素を硝酸塩に変換するメカニズム（窒素固定）を利用した。現在では，合成化学が見出した**ハーバー・ボッシュ法**（Haber-Bosch process）により，窒素肥料として大量生産されている [4)~6)]。この手法は，爆薬の原料となる硝酸の大量生産も可能とした。これは，有機合成殺虫剤（農薬）よりも早く生み出された人工合成化学物質の一つである。

また，リンも根から吸収する重要な必須元素であるが，自然界では窒素よりもはるかに長いタイムサイクルで循環している。伝統的な農法では，動物や鳥の糞尿，枯れた植物，または動物の死骸などを利用することで，これらに含ま

れるリンを利用した。現在では，世界各地に偏在するリン鉱石からリン酸肥料として生産している[4]。

さらに，カリウムも重要な必須元素である。古くから，草本灰，緑肥，家畜糞尿など自給肥料として利用された。現在では，世界各地に偏在するカリ鉱床などからカリ肥料として生産されている。

これらの合成化学肥料の大量生産によって作物，特に穀物の大量生産が実現した。生物が必要とする代謝を行うためには，栄養素として取り込まれた物質は，生体内で分解される必要がある[1),2)]。この特性から，合成化学肥料には有機合成殺虫剤がもつ生体残留性という性質とは違った別の側面からの被害を引き起こすに至った。端的な問題が**富栄養化**である。農地から流れ出た肥料が流れ込んだ，川，湖，そして海岸などで大量発生・成長した藻類などが枯れて腐り，水中の酸素を使い果たしたことで，水生生物が壊滅的な被害を受けたのである[4)~6)]。

また，人類の主食である穀物などの食糧を確保できずに 21 世紀に至っても飢餓に苦しんでいる国や地域がある一方で，穀物を食肉用家畜の飼料として与えている国や地域では肥満に悩まされているという社会問題が増加している[4)~7)]。

一方，目的とする作物を計画的に収穫するためには，自然環境の仕組みを詳しく知ったり，予測したりすることが欠かせない。特に，気候や気象などの情報である。これらは，適切な農作業の時期を知るために天体運動の周期性が研究された天文学の大きな成果として暦の発明と実用化に結びついた。

そして，地域ごとに異なるさまざまな気候や土壌などに適した品種改良を重ねてきた。現在では，代表的な穀物のうち，トウモロコシや小麦は比較的雨の少ない温帯や亜寒帯，米は雨の多い熱帯から亜寒帯で多く生産されている。ところが，新たな品種を生み出す手法に近年，新たなものが加わった。遺伝子操作である[4)~6)]。

わが国は，寒地，寒冷地，温暖地，そして暖地と四つの気候をもつ地域で構成されているが，歴史的な経緯から米を中心とした食糧政策が展開されてき

た。この結果，おいしさと栄養価の高さ，収穫量の高さ，病気への強さ，そして冷害や高温への耐性など，消費者や生産者が望む特性を備えた品種が必要とされ，いまでは寒冷地に位置する北海道でも多くの米が生産されるようになった。しかし，近年のライフスタイルの変化に伴う食の多様化，健康志向を背景とした栄養バランスへの関心の高まり，そして農地や労働力の問題などから，麦，豆，野菜，果実，そして畜産物などの多様化が一段と進み，より付加価値の高い作物の生産が始まっている。なかでも，気象の違いに影響を受けやすい野菜についても，安定供給を目的とした政策のもとで大都市などの指定消費地域に供給するために，野菜の種別と産地が指定され，季節に応じた生産と出荷が義務づけられるようになった[8]。

┌─ **ルックバック** ─────────────────────┐
　地球の人口が増加している中，食糧確保は，国民の生命を維持するためには，必要不可欠である。農業の仕組みと未来の形・姿を考えてみよう。
└────────────────────────────┘

　　　　## 14.2　生物環境と農業　　　　

　太古の昔から地球に降り注ぐ太陽エネルギーの恵みで，生命にあふれる豊かな地球がある。農耕牧畜では，この豊かな大地からの恵みを受けて人類は命を繋いできた。穀物や野菜などの通常の生産には土壌が利用されるが，一般的に単位面積当りの収益が低いため，事業として成立させるためには一定規模以上の面積が必要とされている。このため，北海道や米国のように大型機械の導入などによる省力化が図られている。このような農業は**土地利用型農業**と呼ばれており，特に野菜を野外の畑で生産することは**露地栽培**と呼ばれる。

　一方，季節外れの野菜，花，そして果物など，手間が掛かるが単位面積当りの収益が高い作物を生産するためにビニールハウスに代表される温室などを活用する**施設利用型農業**があり，**施設栽培**や**温室栽培**あるいは**ハウス栽培**とも呼ばれる。近年，さまざまな環境制御技術を統合的に進化させた**植物工場**がわが

国をはじめ世界中で拡大している[9),10)]。

　露地栽培は，事業に要する初期費用を低く抑え，地域の気候や土壌の特性に合った旬の作物を生産できるなどの特徴があるが，低温や猛暑，少雨や長雨，あるいは日照不足など日々の天候の影響を直接受けることや，病害虫の侵入を防ぐことが難しいという側面もある。

　一方，施設栽培は，天候や病害虫などの外部環境の影響を最小限に抑え，出荷時期を調整した生産ができる特徴がある。しかし，施設設備の初期費用や環境調節に要するコストがかかるため，夏野菜を冬から春にかけての季節外れに出荷することによって，商品価値を高めて収益を確保するなどの工夫が行われている。

　作物生産の基礎である土壌の性質（物理的，化学的，生物的）を改善して地力を維持・増進することは，農地の生産力を高めるためにきわめて重要である。物理的性質の改善は，空気や水が入るためのすきまを増やし土壌の団粒構造の形成を促進することによって，土壌を柔らかくすることが目的である。また，化学的性質の改善は，適正な pH と，作物の生育に必要な養分のバランスを保ち投入された肥料成分の利用率を向上させることが目的とされる。そして，生物的性質の改善は，土壌病害虫の発生を抑制する一方で，作物の成長に役立つ土壌微生物の種類や数を増やすことが目的とされている。これらは，**環境保全型農業**の推進にもつながる重要な要素となっている[8)]。

　さらに温室や植物工場では，大地で直接生産する土耕だけでなく，必要な栄養素などが溶かされた培養液を用いる生産（**養液栽培**）も行われている。養液栽培では，植物の根域を保持するために土壌の代わりとなるロックウールなどの培地を使用する方法と，根域を保持せずに培養液に浮かべる方法（水耕）がある。前者はトマト生産，後者はレタス生産が代表的な例である。また，生産対象作物の種類にもよるが，近年土耕から養液栽培への転換が進んでいる。この理由の一つとして，土耕における土壌の「塩類集積」がある。

　これは，特に灌水量が露地栽培よりも相対的に少ないために，必要以上の多肥によって土壌表層に塩類の集積が進み，その結果，濃度障害によって逆に収

穫量が低下したり収穫できなくなったりする塩害を引き起こすことが知られている。しかし，使用済みの培地は，内部に作物の根などが入り込んでおり，そのまま何度も再利用することが困難な場合が多い。その場合には，粉砕して再原料化するなどの方法がとられている[9]~[11]。

　養液栽培の培養液は，塩素を取り除いた水に，窒素，リン，カリウム，カルシウム，マグネシウムなどの多量元素と，鉄，ホウ素，マンガン，亜鉛，銅，モリブデンなどの微量元素を加えて用いるが，各成分の濃度は，作物種別や生育ステージで細かく調整されており，各生産者のノウハウとなっている。また，培養液は，水耕の場合には循環式（**図14.3**）が用いられるが，培地に点滴する方式では非循環式（かけ流し）が採用される場合もある。前者では，水や栄養素が無駄になりにくく，肥料による排水の汚染が少ない。しかし，栽培の経過とともに培養液の組成や濃度の乱れがしだいに大きくなり，これらの補正が難しくなる。また，病原菌が混入すると短期間のうちに病気が蔓延する危険性が高い。

図14.3　循環式養液栽培システムの基本構成

　一方，後者では，つねに適切な組成濃度の培養液を供給することができ，培養液を介して伝染する土壌伝染性の病気が蔓延するリスクが低い[10],[11]。

　現在の地球の平均温度は約15℃である。これは，太陽からの光エネルギー（太陽放射）と地球を覆っている大気の保温効果によるもので，温室効果（greenhouse effect）と呼ばれている。日中など日射のある時間帯は，地表面の温度が上昇して大気が暖められるが，夜間は地表面から宇宙空間に向けての放射により地表面の温度や気温が低下する。後者は放射冷却（radiative cooling）と呼ばれている。

　土耕では，畑の畝に藁やビニールシートなどを敷くこと（マルチ）で，地温

を保持するほか，土壌の乾燥防止，雑草を生えにくくする，そして雨による肥料の流出を防ぐなどに幅広く役立てられている[8]。その他，簡易な農業資材で防寒する方法として，畝の上方に高さ数十 cm の空間ができるように簡単な骨組みと透明フィルムで覆うものがあり，**トンネル栽培**と呼ばれ多用されている。

　一方，温室など人が内部で作業する大きさの施設も非常に多く利用されている。わが国ではビニールハウスが一般的であるが，全面ガラス張りの**太陽光利用型植物工場**，そして人工光源による**人工光型植物工場**（**図 14.4**）なども施設栽培に分類される。

図 14.4　人工光型植物工場（レタス栽培の例）

　これらの施設栽培の場合，環境調節は施設設備と密接な関係となる。おもな環境調節因子は，室温，湿度，照度，光量子束密度，および二酸化炭素濃度などである。これらは，作物の種類，生育ステージ，および生育状況に応じて適正な状態に管理することが求められる。特に日射を利用する施設であれば，時間帯や外部の気象状況に応じて，毎日の調整が必要となる。また，ビニールハウスでは，被覆材であるビニールの一部を巻き上げることで高温や結露を回避するための換気機能，夜間の室温低下を防ぐための保温カーテン，農業用水に

よる灌水機能など，比較的簡素な設備だけの施設も多い。そして，日長や照度を調節するための遮光カーテンや補光機器，暖房のための加温機器，温湿度ムラ解消のための循環扇，光合成促進のための二酸化炭素発生源などを必要に応じて設備する場合もある。ガラス温室や太陽光利用型植物工場の場合，換気機能が開閉式の天窓や側窓に置き換わるほか，冷暖房のためのヒートポンプを設備する例も見受けられる[11)~13)]。

農業の省力化と高度化は世界的に進化してきた。近年，コンピュータやリモートセンシング技術などを利用した精密農業やICT（information and communication technology，情報通信技術）を利用した集中環境制御が行われるようになったが，現在ではIoT（internet of things，モノのインターネット）やAI（artificial intelligence，人工知能）も加味してこれまでの知見やノウハウを総合的に活用するスマート農業が進んでいる[14)~16)]。

┌─ **ルックバック** ─────────────────────────────
│
│　食物の施設栽培の仕組みについて深く学習し，環境調節の重要性を学び，未
│　来の食物生産の在り方を環境と社会の視点から考えてみよう。
│
└──

    # 14.3　農業とエネルギー

人間を含む多くの動物は，太陽エネルギーを栄養素として直接取り込むことができない。生命を維持していくためには，太陽エネルギーで育った植物を食べるか，植物を基盤とした食物連鎖を利用し間接的に体内に取り入れている。ところが，家畜などは，餌となる穀物がもつ栄養素を消費して，その一部が牛乳，鶏卵，あるいは肉などに変換される。したがって，人間が穀物を直接食べる場合よりも，多くのエネルギーが失われることになる[4)~7)]。

一方，現代農業では，化石燃料が欠かせない。大規模な土地利用型農業では，大型のトラクタやコンバインなどの農業機械が使用されているほか，飼料穀物を世界各地に輸出している諸外国の農場では農薬などの散布に航空機など

も使用されており，大量の化石エネルギーが消費される¹⁷⁾。

図 14.5 に，季節に合わせて生産されているときのおもな野菜の旬を示す。わが国には四季があり，地理的・気候的要因がその土地ならではの季節を味わう旬の食材を生んだ。露地栽培で収穫される旬の食材は，おいしく栄養価も高い。しかし，いまや季節にかかわらず年中手に入ることができるようになり，旬は忘れ去られようとしている。あるべき姿，あるべき農業とは何かを考えるときである。

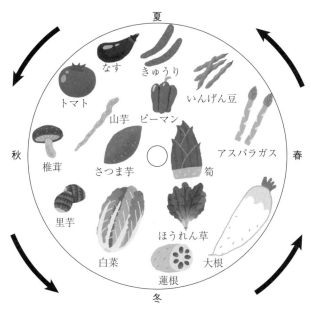

図 14.5 おもな野菜の旬

われわれが生きていくためには，3 大栄養素のほかミネラルやビタミンなども必要であるが，食の安定供給（安心安全），健康増進（長寿命），そして農村地域経済振興を実現する中で，これらはしだいに薄れていった。例えば露地栽培のレタスは比較的涼しい環境でなければ生産できず，都心への安定供給を実現するために，指定産地として時期をずらしてリレー形式で生産・供給する体制を構築している。このような対象とされている野菜には，指定野菜が 14 品

目，特定野菜が35品目あり，年間を通した安定供給が実現されている[8]。さらにこれを後押ししている技術が，道路網の整備によるトラック輸送，冷蔵や機能性フィルムによる鮮度保持を活用した貯蔵技術，そして施設栽培である。

とりわけ，夏期に露地栽培で育つ夏野菜を，温室で冬期や春先に生産・供給する場合，生産に要するエネルギーは著しく増大する。例えば，きゅうりは約8倍，トマトは約10倍，なすは約20倍，そしてピーマンは約29倍というデータがある（**図14.6**）[18]。これらに要したエネルギーの内訳は，9割超が温度管理（おもに加温）の直接エネルギーである[19]。

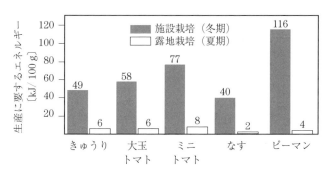

図14.6　露地栽培と施設栽培のエネルギー必要量の比較

これまで述べたように，温室や太陽光利用型植物工場の被覆は，ビニールやガラスなどで構成されている。これらの熱通過率は，一般的な住宅などの壁や屋根に比べて約10倍の熱エネルギーが放熱される。さらに，外気温の低下や放射冷却などによって暖房負荷が高まる夜間においては，ピーマンなどは保持すべき温度（管理温度）が23℃程度と，一般的な住宅などの推奨暖房温度20℃よりも高い[9],[20]。熱通過率が大きいことや管理温度が高いことは，どちらもより多くの熱エネルギーを必要とすることを意味する。

しかし，ピーマンのような高温性作物は，低温によって収量が低下するなどの問題が発生するため，むやみに管理温度を下げることは難しい。このため，施設の内側に可動式の遮熱フィルム（カーテン）を設置して，夜間などに閉じて放熱を抑えると同時に，加温すべき空間を小さくするなどの工夫もなされて

いる[9]。

　先に述べたように，施設栽培で必要となるエネルギーのほとんどは加温用の
エネルギーである。加温用熱源を備えたビニールハウスは，加温ハウスと呼ば
れている。これらの加温用熱源は，機器の価格と設置工事費が廉価な燃焼式温
風暖房機がほとんどを占めており，燃料として化石燃料である A 重油が用い
られている。また，施設内の二酸化炭素濃度を高めて作物の成長を促すため
に，灯油や LPG（liquefied petroleum gas，液化石油ガス）を燃料とする燃焼
式二酸化炭素供給システム（**図 14.7**）などを設置して，その排出ガスを利用
する方法が増加してきている。

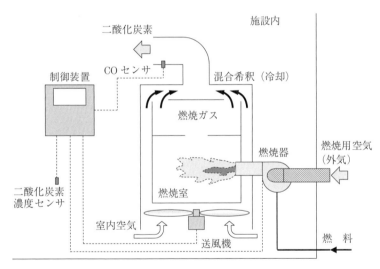

図 14.7　燃焼式二酸化炭素供給システム

　そのほか，ボンベに充填された液化二酸化炭素を気化させて利用する方法も
あり，燃焼式の有害ガスのような心配はないが，運用コストが燃焼式よりも数
倍程度大きくなる[9]。一方，太陽光利用型植物工場のような施設では，二酸化
炭素発生源を兼ねた燃焼式温湯暖房機と蓄熱システムなどを設置して，エネル
ギー消費を抑える工夫がなされている例もある[21]。

　また，人工光型植物工場は，暖冷房だけでなく光合成に必要な光源も設備す

る必要があり，ほぼ電力だけで運転される。このため，採算の取れる作物の選定や販売先の確保など，事業性の慎重な見極めが必要となっている[9]。

　現在の農業は，肥料の製造から，作物の生産，そして流通によってわれわれの食卓に届くまでに多くの化石燃料が使用されており，高度に最適化（低コスト化）が進んだ状態となっている。LCA の観点からは，各段階でのインベントリー分析を経て環境影響を評価し，環境負荷を小さくする手立てを講じる必要があるが，ここでは作物の生産に必要なエネルギーをバイオマスで賄う取組みについて考える[22]。

　土地利用型農業では，トラクタなどの燃料に BDF，バイオエタノール，またはバイオガスなどを適用することが試みられている[23),24)]。施設栽培では，バイオマス固形燃料を適用する例が増加しているが，小型の燃焼機器ではバイオマスの燃焼によって形成される溶融灰（クリンカー）の問題が指摘されている[25]。このような中，新たな固形燃料であるバイオコークスを適用することで燃焼が緩慢になることによってクリンカーが抑制されるため，システム検証の試みが進められている[26),27)]。また，太陽光利用型植物工場に，バイオマス発電所からの熱と電力に加えて浄化した排出ガスを供給する新たな取組みも行われている[28]。

ティータイム

　市場経済社会では，市場性のないものは商品として流通することはできない。ユーザから敬遠された昔の固体燃料は，ある時期からほとんど使われなくなった。近年の燃焼器は，主燃料と制御電力の二つのエネルギーを必要とする。後者は，高い比出力と安全性を確保するために使用される。薪ストーブに代表される昔の燃焼器は，煙道内を通過する燃焼ガスの密度差によって燃焼器内に新鮮空気を導入することで燃焼状態を維持する方式である。しかし，鳥の巣や雪で煙道が塞がれたり，新鮮空気の導入が妨げられたりすると，一酸化炭素が室内に漏れ出ることになる。近年の燃焼器は，制御電力を利用して強制的に給排気を行うと同時に，検知器による常時監視がスタンダードとなった。

| ルックバック |

　農業におけるエネルギー利用の仕組みを深く学び，未来の形・姿を考えてみ
よう。

演 習 問 題

　冬期に加温ハウス（$50 \times 20 \times 3\,\mathrm{m}^3$）で夏が旬の野菜を栽培する。ハウス内を野
菜の成長に最適な温度に管理する必要がある。この間に排気される二酸化炭素総量
を計算せよ。加温ハウスは，150日間の夜間10時間連続で灯油ボイラにより，ハウ
ス内の空気温度を制御する。ハウス内は，1時間当りつねに平均5℃温度が低下する
（夜間の熱放射やすきまなどによる損失）。ただし，空気の密度 $\rho = 1.29\,\mathrm{kg/m^3}$，定圧
比熱 $C_p = 1.005\,\mathrm{kJ/kg/K}$ とし，灯油の発熱量 $q = 36.49\,\mathrm{MJ/L}$，効率 $\eta = 0.90$，二
酸化炭素排出係数 $\varepsilon = 2.49\,\mathrm{kg\text{-}CO_2/L}$ とする。

15. バイオエネルギーによる 持続可能な社会形成に向けて

　社会と環境を取り巻くうえで，社会に必要な生産物を陸から採る農業，牛や豚などを養育する牧畜業，山林で木材を伐採する林業，海や河川などで魚介類を獲る一次産業，基本的に自然から産出した原材料を用いて製品を製造・加工する製造業，建設業，鉄鋼業などの二次産業から，これら以外の小売業から運送業，放送業など幅広い業種が該当する三次産業の連係が重要な取組みとなることは過言ではない。なかでも，産業の六次化（一次産業×二次産業×三次産業）は，生産者から生産，加工，流通，販売に至る消費者に届くまでのルートを拡大することによって，所得向上，雇用の拡大，地域活性などの増進を図った政策である[1]。

　化石資源を掘り出し，エネルギー資源として経済成長してきた現代社会から，いかに一次産業での生産活動に入り込んで再生可能エネルギーを自然システムから取り出し，持続可能な再生可能エネルギーの安定供給ができるかが共生への鍵となる。

　特に，バイオエネルギーは一次産業と密接な関係にある。おもなものとして，籾殻から製造する燻炭や家畜糞から発酵して取り出すメタンガス，藻類から製造する液体バイオ燃料，木枝葉などから製造する固体バイオ燃料など，さまざまなエネルギーがバイオマスから生産できる。

　近い将来，六次化産業とバイオエネルギーの連関が深まり，さらにゼロエミッション化に基づく，真の循環型社会を築くことが重要不可欠である。**図15.1**にその未来像の一つを示す。ここでは，食物生産を例にその連関を示す。各産業において廃棄物が存在する。一次産業では，台風などの天災被害によっ

一次産業（生産）　×　二次産業（加工）　×　三次産業（流通・販売）
＝六次化産業（生産から販売までを農家が主体となって行う）
→ 農家の所得向上・雇用拡大および地域活性化

図 15.1　六次化産業とバイオエネルギーの連関，およびゼロエミションに
基づく循環型社会への一つの未来像

て商品にならない被害野菜や，過剰生産による流通価格調整のための生産調整
野菜などの廃棄物がある。二次産業では，加工残渣や腐食食物などの廃棄物が
あり，三次産業では小売業での売れ残りや食べ残し，賞味期限切れなどの廃棄
食品があり，非可食部のバイオマス資源が存在する。ここで家畜の飼料にでき
る食物残渣は，活用すべきではあるが，昨今の豚熱[†]（classical swine fever,
CSF），牛海綿状脳症（bovine spongiform encephalopathy, BSE）など動物の
病気に対する食の安全性から農林水産省は国内での生産飼料あるいは輸入飼料
の安全性を確保するため，科学的知見に基づき飼料中の有害物質に対する基
準・規格を厳しく規制しており，食品廃棄物の飼料化が難しくなっている中，
人体への被害の少ないエネルギー化を加速する必要がある。

　食品廃棄物からのエネルギー化は，メタンガス（気体バイオ燃料）などにし
たり，エタノールやバイオディーゼル（液体バイオ燃料）などやペレットやバ
イオコークス（固体バイオ燃料）などにしたりして転換することができる。各
産業へ供給された各種エネルギーは，気休燃焼，液体燃焼，固休燃焼を介し
て，熱エネルギーに転換し，熱エネルギー利用はもとより，コジェネレーショ
ンシステムにより熱電供給したり，固体バイオ燃料では，炭化することによ

[†]　豚熱は 2020 年までは「豚コレラ」と呼ばれていた。しかし，ウイルスで起こる豚熱
は細菌で起こるヒトのコレラとまったく関係がないため名称が改められた。

り，一酸化炭素と炭のダブルフューエルを生産したり，液体バイオ燃料でもエタノールと残渣物で固体バイオ燃焼を製造するダブルフューエルを供給することが可能となる。さらに，ガスエンジンを利用し，熱と電気の供給（コジェネレーション）に加え，生じる二酸化炭素を野菜栽培の生育促進に使用するトリジェネレーションなども開発されている。

　ただし，これらのエネルギー転換には，残渣が残ることになる。バイオエネルギーを転換する手法としてメタン発酵法では液肥などが残渣し，エタノール発酵法ではリグニン成分などが残渣する。また，固体バイオ製造では残渣は発生しないが，固体燃焼時に燃焼灰や飛灰が発生する。ここで，気体燃焼，液体燃焼，固体燃焼で発生する燃焼の最終生成物である二酸化炭素は，加温ハウス内での二酸化炭素濃度を増加し，収穫収率向上に寄与することがわかっている。このような液肥，燃焼灰や飛灰などは，農地や林地に還元すべきであり，もともとの場所に返す自然なマテリアル循環に帰することになる。

　ところが，これらを資源としてエネルギー化するうえで回収，運搬などにの手間や，回収システム開発費，運送エネルギーなどがかかり，さらに基本的に回収物の乾燥，粉砕などの前処理工程を経て，エネルギー転換すると，多くの場合，経済的に破綻することが多い。

　総務省は，2002 年に閣議決定した「バイオマス・ニッポン総合戦略」に基づくバイオマスの利活用に関する政策評価を 2011 年に実施し[2]，バイオマス関連事業について効果が発現しているものは全体の約 16.4% で，国の補助により整備された施設の稼働は低調なものが多く，期待される効果が発現しているものは皆無であるという厳しい結果を公表しており，バイオエネルギーの社会実装の難しさが理解できる[3]。しかし，ここで足を止めるわけにはいかず，これらの課題をクリアしながら，さらなる研究開発が求められるところである。

　化石資源を基盤とする社会から自然システムの中に入り込み，自然と共生する社会への道は，想像を絶するきわめて険しい道である。それは，数百〜数千年前の風車や水車などで生活を営んだ過去に戻れるか否かの岐路に立っている

ことを意味するのかもしれない。地球上から採掘可能な化石資源がなくなり，エネルギーの主力が再生可能エネルギーに向かったとき，世界の人口が自然減少し，持続可能な再生可能エネルギー相当の人口に落ち着くのだろうか。そのとき，また偏在する再生可能エネルギーの争奪が起き，貧富の格差が生じることはないのだろうか。人類が目指すべき環境と社会は，公共性を重んじ自然環境に調和した紛争のない平和な社会であることはいうまでもない。

引用・参考文献

［まえがき］

1） 藤本晃：功徳と喜捨と贖罪 第 2 章 仏典に説かれる功徳と廻向のしくみ，愛知大学人文社会学研究所 2017 年度公開講座報告書，pp.89-155（2018）

2） 緒方貞子：共に生きるということ，PHP 研究所（2015）

［1 章］

1） 国際連合広報センター：2030 アジェンダ，https://www.unic.or.jp/activities/economic_social_development/sustainable_development/2030agenda/

2） World Resources Institute：THE NEXT 4 BILLION（2007 World Resource Institute, International Finance Corporation）https://www.wri.org/research/next-4-billion

3） 国際連合広報センター：グロ・ハーレム・ブルントラント（大胆な改革の時），https://www.unic.or.jp/activities/international_observances/un70/un_chronicle/brundtland/

4） 国際連合広報センター：MDGs の 8 つの目標，https://www.unic.or.jp/activities/economic _social_development/sustainable_development/2030agenda/global_action/mdgs/

5） 蟹江憲史：SDGs（持続可能な開発目標），中公新書，中央公論新社（2020）

6） 新エネルギー産業技術総合開発機構ホームページ：地熱発電技術研究開発，https://www.nedo.go.jp/activities/ZZJP_100066.html

7） 新エネルギー産業技術総合開発機構ホームページ：風力発電等技術研究開発，https://www.nedo.go.jp/activities/FF_00383.html

［2 章］

1） TED：ハンス・ロスリング｜ TED2006（最高の統計を披露），https://www.ted.com/talks/hans_rosling_the_best_stats_you_ve_ever_seen?language=ja

2） TED：Hans Rosling｜ TED2007（ハンス・ロスリングは貧困に対する新たな洞

---

† 1　論文誌の巻番号は太字，号番号は細字で表記する。

† 2　本書に記載される URL については，編集当時のものであり，変更される場合がある。

察を示します），https://www.ted.com/talks/hans_rosling_new_insights_on_poverty/transcript?language=ja

3） 川村淳浩：エネルギーと環境，釧路工業高等専門学校紀要，**45**, pp.85-88（2011）

4） 資源エネルギー庁ホームページ：知っておきたいエネルギーの基礎用語 〜CO2 を集めて埋めて役立てる「CCUS」，https://www.enecho.meti.go.jp/about/special/johoteikyo/ccus.html

5） 佐野寛：エネルギーと地球環境の同時解決を目指して，エネルギー・資源学会誌，**11**, 2, pp.101-106（1990）

6） 近畿化学協会工学倫理研究会 編著：技術者による実践的工学倫理（第4版），化学同人（2020）

7） 藤垣裕子：科学者の社会的責任，岩波書店（2018）

8） 日本学術会議・科学・技術のデュアルユース問題に関する検討委員会 編：科学・技術のデュアルユース問題に関する検討報告（2012）

[**3 章**]

1） 新エネルギー産業技術総合開発機構 監修：NEDO 再生可能エネルギー技術白書（第2版）第8章中小水力発電，https://www.nedo.go.jp/content/100544823.pdf

2） 吉田邦夫 編：エクセルギー工学，共立出版（1999）

[**4 章**]

1） D.H. メドウズ，D.L. メドウズ，J. ランダース，W.W. ベアランズ三世（大来佐武郎 監訳）：成長の限界，ダイヤモンド社（1972）

2） M. メサロビッチ，E. ペステル 著（大来佐武郎，茅陽一 監訳）：転機に立つ人間社会：ローマ・クラブ第2レポート，ダイヤモンド社（1975）

3） 資源エネルギー庁ホームページ：固定価格買取制度，https://www.enecho.meti.go.jp/category/saving_and_new/saiene/kaitori/

4） 井田民男，木本恭司，山﨑友紀：熱エネルギー・環境保全の工学，コロナ社（2002）

5） 国立環境研究所ホームページ：エネルギー収支比（EPR），循環・廃棄物のまめ知識，https://www-cycle.nies.go.jp/magazine/mamc/20090525.htm

6） 気象庁ホームページ：大雨や猛暑日など（極端現象）のこれまでの変化 https://www.data.jma.go.jp/cpdinfo/extreme/extreme_p.html

7） 資源エネルギー庁ホームページ：大雨でも太陽光パネルは大丈夫？再エネの安全性を高め長期安定的な電源にするためには①，https://www.enecho.meti.go.jp/about/special/johoteikyo/tyokisaiene_01.html

8） 新エネルギー産業技術総合開発機構 監修：NEDO 再生可能エネルギー技術白書 （第 2 版），3 風力発電の技術とロードマップ，https://www.nedo.go.jp/content/ 100116324.pdf.

9） 新エネルギー産業技術総合開発機構：平成 22 年度成果報告書　風力等自然エ ネルギー技術研究開発 洋上風力発電等技術研究開発「海洋エネルギーポテン シャルの把握に係る業務」，https://www.nedo.go.jp/library/seika/shosai_201107/ 20110000001165.html

10） 十倉毅，山本和季，矢野大ほか：鳥取県における発電用風車の騒音に係る調査 報告，鳥取環境大学紀要，9-10 合併号，pp.159-167（2012）

11） 小島至，高槻靖，林和彦，桜井敏之：海水特性の違いに着目した黒潮ネット流 量の評価，測候時報，**75**，特別号，pp.s7-s18（2008）

12） 気象庁ホームページ：対馬暖流とは，https://www.data.jma.go.jp/gmd/kaiyou/ data/db/maizuru/knowledge/tsushima_current.html

13） 山田博資，中田喜三郎：日本の海洋エネルギーポテンシャルの評価，海洋理工 学会誌，**19**，1，pp.43-47（2013）

14） 田中博道，山梨温，居波智也：我が国沿岸の波エネルギー賦存量と平均波高， 平均周期の頻度分布，土木学会論文集 B2（海岸工学），**69**，2，pp.I_1291- I_1295（2013）

15） 新エネルギー産業技術総合開発機構 監修：NEDO 再生可能エネルギー技術白書 （第 2 版）第 6 章海洋エネルギー，https://www.nedo.go.jp/content/100544821. pdf

16） 佐賀大学海洋エネルギー研究センターホームページ：https://www.ioes.saga-u. ac.jp/jp/

17） B. E. Logan and M. Elimelech：Membrane-based processes for sustainable power generation using water, Nature, **488**, pp.313-319（2012）

18） 比嘉充：日本海水学会誌，**73**，pp.3-8（2019）

［5 章］

1） レイチェル・カーソン（青樹築一 訳）：沈黙の春，新潮文庫（1974）

2） レイチェル・カーソン協会 編：13 歳からのレイチェル・カーソン，かもがわ 出版（2021）

3） レイチェル・カーソン協会 編：『沈黙の春』を読む，かもがわ出版（1992）

4） マーレーン・マライスほか（矢野栄二 監訳）：天敵利用の基礎知識，農山漁村 文化協会（1995）

5） シーア・コルボーンほか（長尾力 訳）：奪われし未来，翔泳社（1997）

6） 環境省ホームページ：http://www.env.go.jp/

7）　農業環境技術研究所ホームページ：http://www.naro.affrc.go.jp/

8）　日本環境化学会 編：地球をめぐる不都合な物質（拡散する化学物質がもたらすもの），講談社（2019）

9）　湊秀雄 編：砒素をめぐる環境問題（自然地質・人工地質の有害性と無害性），東海大学出版会（1998）

10）　北海道立衛生研究所ホームページ：https://www.iph.pref.hokkaido.jp/

11）　渡邉泉：重金属のはなし（鉄，水銀，レアメタル），中央公論新社（2012）

12）　廣瀬博宣：白蟻薬剤による宮崎県延岡市，串間市の地下水汚染報告（30年目の真実），しろあり，**157**，1，pp.1-11（2012）．

13）　環境省：環境白書・循環型社会白書・生物多様書：令和元年版　環境・循環型社会・生物多様性白書，第1部＞第3章　プラスチックを取り巻く状況と資源循環体制の構築に向けて＞第1節　プラスチックを取り巻く国内外の状況と国際動向，https://www.env.go.jp/policy/hakusyo/r01/html/hj19010301.html

14）　新エネルギー産業技術総合開発機構：海洋生分解性プラスチックの社会実装に向けた技術開発事業，https://www.nedo.go.jp/activities/ZZJP_100168.html

15）　環境省ホームページ：ストックホルム条約｜POPs，https://www.env.go.jp/chemi/pops/treaty.html

16）　『海—消えたプラスチックの謎』（2016）監督：Vincent PERAZIO

17）　Nature ダイジェスト：マイクロプラスチックは有害なのか？，**18**，8（2021）

18）　日本エネルギー学会リサイクル・バイオマス・ガス化，三部会（RGB）シンポジウム：プラスチックリサイクル技術の最新動向（2019）

19）　電気事業連合会ホームページ：https://www.fepc.or.jp/

20）　放射線医学総合研究所ホームページ：https://www.nirs.qst.go.jp/

21）　環境省ホームページ：https://www.env.go.jp/

22）　橘川武郎：資源エネルギー政策（通商産業政策史10），経済産業調査会（2011）

23）　日本科学技術ジャーナリスト会議：4つの「原発事故調」を比較・検証する，水曜社（2013）

24）　齊藤誠：原発危機の経済学−社会学者として考えたこと，日本評論社（2011）

25）　農林水産技術会議ホームページ：https://www.affrc.maff.go.jp/

26）　有田博之ほか：放射性セシウム除染と戦略的農地資源保全，農業農村工学会論文集，**80**，6，pp.94-97（2012）

27）　放射性物質汚染廃棄物処理情報サイト（環境省）：http://shiteihaiki.env.go.jp/

28）　大橋憲ほか：高密度減容化技術による放射性物質の保管安全性の一考察，スマートプロセス学会誌，**4**，6，p.307-311（2015）

29）　大橋憲ほか：バイオコークス技術を用いた震災除染物の減容化と復興への導入

研究，スマートプロセス学会誌，**5**，3，p.185-190（2016）

30)　川村淳浩：原子力人材教育における創造型技術者育成の取り組み―小中学生を対象とした原子力関連教材の開発―，釧路工業高等専門学校紀要，**47**，pp.17-20（2013）

[**6 章**]

1)　経済産業省ホームページ：3R 政策，https://www.meti.go.jp/policy/recycle/index.html

2)　国連大学ホームページ：ゼロエミッション フォーラム，https://archive.unu.edu/zef/index_j.html

3)　大石不二夫：プラスチックのはなし，日本実業出版社（1997）

4)　環境省ホームページ：バイオプラスチックを取り巻く国内外の状況 ～ バイオプラスチック導入ロードマップ検討会参考資料 ～，http://www.env.go.jp/recycle/mat052214.pdf

5)　ISO/TC 238 ホームページ：Solid biofuels，https://www.iso.org/committee/554401.html

6)　固体バイオ燃料国際規格化研究会ホームページ：https://solidbiofuelsforum.wixsite.com/sbfj

7)　資源エネルギー庁ホームページ：固定価格買取制度 情報公表用ウェブサイト，https://www.fit-portal.go.jp/PublicInfoSummary

8)　日本機械学会 編：法工学入門，丸善出版（2014）

[**7 章**]

1)　資源エネルギー庁ホームページ：石油備蓄の現状，https://www.enecho.meti.go.jp/statistics/petroleum_and_lpgas/pl001/

2)　石油天然ガス・金属鉱物資源機構：資源備蓄，https://www.jogmec.go.jp/stockpiling/index.html

3)　経済産業省ホームページ：平成 29 年度から 33 年度までの石油備蓄目標（案）について，https://www.meti.go.jp/shingikai/enecho/shigen_nenryo/pdf/021_07_00.pdf

4)　福島和彦，船田良，杉山淳司，高部圭司，梅澤俊明，山本浩之：木質の形成―バイオマス科学への招待―，第 2 版，海青社（2011）

5)　園池公毅：光合成とはなにか，ブルーバックス，講談社（2008）

6)　吉川庄一：核融合への挑戦，ブルーバックス，講談社（1978）

7)　日本原子力学会 核融合工学部門 編：よくわかる核融合炉のしくみ，連載講座（2004 年 12 月 ～ 2006 年 1 月）

8)　江守一郎：模型実験の理論と応用，第 2 版，技報堂出版（1985）

9） 江守一郎，斉藤孝三，関本孝三：模型実験の理論と応用，第3版，技報堂出版（2000）

［**8 章**］

1） 寺田寅彦：科學と文學，角川書店（1949）
2） 西澤潤一：独創は闘いにあり，新潮文庫，新潮社（1991）
3） デカルト（野田又夫 訳）：精神指導の規則，岩波文庫，岩波書店（1981）
4） アガサ・クリスティー（田中一江 訳）：雲をつかむ死，早川書房（2020）
5） 科学技術振興機構ホームページ：SATREPS，https://www.jst.go.jp/global/
6） 内閣府ホームページ：ムーンショット型研究開発制度，https://www8.cao.go.jp/cstp/moonshot/index.html

［**9 章**］

1） 吉永明弘：「環境倫理学」から「環境保全の公共哲学」へ—アンドリュー・ライトの諸論を導きの糸に，公共研究，**5**，2，pp.118-160（2008）
2） 桂木隆夫：公共哲学とは何だろう，勁草書房（2016）
3） 日本捕鯨協会ホームページ：捕鯨の経歴，https://www.whaling.jp/history.html
4） 農林水産省ホームページ：改訂版 野生鳥獣被害防止マニュアル，https://www.maff.go.jp/j/seisan/tyozyu/higai/manyuaru/manual_inosisi_sika_saru_jissen/data0_6.pdf
5） 環境省ホームページ：鳥獣保護管理法の概要，https://www.env.go.jp/nature/choju/law/law1-1.html
6） 丸山徳次：環境倫理学と科学批判，環境技術，**23**，7，pp.467-471（1994）
7） 近畿化学協会化学・化学教育委員会 編著：環境倫理入門，化学同人（2017）
8） 淺木 洋祐：足尾銅山、別子銅山、日立鉱山における公害対策の実施要因についての検討，第30回環境情報科学学術研究論文発表会，**30**，pp.1-6（2016）
9） 国立環境研究所ホームページ：4大公害病，https://www.nies.go.jp/nieskids/oitachi/yougo02.html
10） 富山県ホームページ：産業の振興と公害，https://www.pref.toyama.jp/1291/kurashi/kenkou/iryou/1291/100035/virtual/virtual03/virtual03-7.html
11） 環境省ホームページ：容器包装リサイクル法とは，http://www.env.go.jp/recycle/yoki/a_1_recycle/index.html
12） 環境省ホームページ：家電リサイクル法の概要，https://www.env.go.jp/recycle/kaden/gaiyo.html
13） 日本技術者教育認定機構ホームページ：https://jabee.org/
14） 丸山英二：生命倫理4原則と医学研究（講座 今知っておくべき研究における倫理），日本義肢装具学会誌，**27**，1，pp.58-64（2011）

［**10 章**］

1 ） 栗原康：共生の生態学，岩波新書，岩波書店（1998）

2 ） 大熊盛也：シロアリ腸内の微生物共生システム，日本農芸化学会誌，**77**，2，pp.38-40（2003）

3 ） 服部昭尚：イソギンチャクとクマノミ類の共生関係の多様性：分布と組合せに関する生態学的レビュー，日本サンゴ礁学会誌，**13**，pp.1-27（2011）

4 ） 村田淳：発達障害のある学生への支援を考える，第 3 回 Salon De 大学コンソーシアム大阪，講演配布資料（2021）

5 ） 橋本貴美子，犀川陽子，中田雅也：カバの赤い汗に関する化学，有機合成化学協会誌，**64**，12，pp.1251-1260（2006）

［**11 章**］

1 ） 矢田俊文，日本における石炭資源の放棄と再開発，地学雑誌，**91**，6，pp.489-495（1982）

2 ） 石炭フロンティア機構ホームページ：2 石炭の埋蔵量，http://www.jcoal.or.jp/publication/s1-2.pdf

3 ） 近畿大学バイオコークス研究所ホームページ：https://www.kindai.ac.jp/bio-coke/

4 ） 筑波大学・生命環境系リサーチユニット 藻類バイオマス・エネルギーシステム（ABES）ホームページ：http://www.abes.tsukuba.ac.jp/

5 ） 日本製紙ホームページ：既存石炭火力ボイラーへのバイオマス混焼を従来の約 10 倍に CO_2 発生量の低減に有効な新規バイオマス固形燃料を開発 ～ 平成 23 年度採択 NEDO 事業で微粉炭ボイラーでの 25 ％ 混焼を確認 ～，https://www.nipponpapergroup.com/news/year/2013/news130403000773.html

6 ） 橘川武郎：資源エネルギー政策（通商産業政策史 10），経済産業調査会（2011）

7 ） 石油学会 編：もうクルマは空気を汚さない，化学工業日報社（2004）

8 ） 尾崎紀男：自動車工学改訂版，森北出版（1982）

9 ） 堀場製作所自動車計測セグメント：新訂エンジンエミッション計測ハンドブック，養賢堂（2013）

10） ロバート・ボッシュ：ボッシュ自動車ハンドブック，日本語第 4 版，シュタールジャパン（日経 BP 社）（2019）

11） GP 企画センター 編：トラックのすべて，グランプリ出版（2006）

12） 流体技術部門委員会 編：自動車の空力技術，自動車技術会（2017）

13） 自動車技術ハンドブック編集委員会 編：自動車技術ハンドブック―設計（パワートレイン）編―，自動車技術会（2007）

14） 三枝省五：FCV の実用性実証（JHFC）と海外動向，自動車技術会 2010 年春季大会フォーラム―燃料電池自動車の普及に向けて―，p.1-5（2010）

15)　折橋信行：トヨタにおける FCV 開発について―水素社会の実現を目指して―，低温工学，**55**，1，p.10-13（2020）

16)　古濱庄一：未来をひらく水素自動車，東京電機大学出版局（1992）

17)　鈴木孝：日野自動車の 100 年，三樹書房（2010）

18)　川村淳浩ほか：トラック用水素エンジンシステムの開発，自動車技術会論文集，**42**，4，p.909-914（2011）

19)　NEDO ホームページ：https://www.nedo.go.jp//

20)　経済産業省ホームページ：https://www.meti.go.jp/

［**12 章**］

1)　環境省：環境白書・循環型社会白書・生物多様性白書（平成 30 年版），第 2 部＞第 3 章「循環型社会の形成」＞第 1 節「廃棄物等の発生，循環的な利用及び処分の現状」，https://www.env.go.jp/policy/hakusyo/h30/html/hj18020301.html

2)　環境省ホームページ：一般廃棄物の溶融固化物の再生利用の実施の促進について，https://www.env.go.jp/hourei/11/000022.html

3)　日本ユニセフ協会ホームページ：目標 11 のターゲット，https://www.unicef.or.jp/kodomo/sdgs/17goals/11-cities/

4)　外務省ホームページ：「1972 年の廃棄物その他の物の投棄による海洋汚染の防止に関する条約の 1996 年の議定書」について（略称：ロンドン条約 1996 年議定書），https://www.mofa.go.jp/mofaj/gaiko/treaty/treaty166_5_gai.html

5)　環境省ホームページ：廃棄物の処理及び清掃に関する法律（廃棄物処理法），https://www.env.go.jp/recycle/waste/laws.html

6)　環境省ホームページ：地方環境事務所＞九州地方環境事務所＞資源循環＞平成 22 年度報告書，第 1 編「生ごみ資源化の調査結果」，第 2 章「資源化技術の概要」，http://kyushu.env.go.jp/recycle/chiiki_h22_hokoku.html

7)　井田民男：バイオコークス ― 再生可能エネルギー社会の礎となる新しい固体バイオエネルギー ―，コロナ社（2022）

8)　国際協力機構：ラオス国 BOP 訴求型の農林業由来バイオコークス製造販売事業準備調査（BOP ビジネス連携促進）報告書（2013），https://openjicareport.jica.go.jp/685/685/685_112_12124863.html

9)　日本貿易振興機構アジア経済研究所：平成 18 年度アジア各国における産業廃棄物・リサイクル政策情報提供事業報告書，第 1 部 第 9 章「シンガポールにおける産業廃棄物・リサイクル政策」（2007 年），https://www.ide.go.jp/library/Japanese/Publish/Reports/Commission/pdf/200609_00.pdf

10)　ごみ固形燃料発電所事故調査専門委員会：ごみ固形燃料発電所事故調査最終報告書，三重県ホームページ（2013 年），https://www.pref.mie.lg.jp/common/

content/000029517.pdf

［13 章］

1 ）　環境省：温室効果ガス排出・吸収量等の算定と報告，2.3節「産業部門」，p.5
　　　（2021）

2 ）　新エネルギー・産業技術総合開発機構（NEDO）：NEDO 水素エネルギー白書，
　　　p.5，図 1-1（2015），https://www.nedo.go.jp/content/100567362.pdf

3 ）　資源エネルギー庁ホームページ：第 5 回 発電コスト検証ワーキンググループ，
　　　https://www.enecho.meti.go.jp/committee/council/basic_policy_subcommittee/
　　　mitoshi/cost_wg/2021/005.html

4 ）　K.Sugiura, K.Takei, K.Tanimoto, Y.Miyazaki：The Carbon Dioxide Concentrator
　　　by using MCFC, Journal of Power Sources, **118**, 1-2, pp.218-227（2003）, doi：
　　　10.1016/S0378-7753（03）00084-3

5 ）　R.Mochizuki, K.Sugiura：Optimization of Cell Components on The Direct Carbon
　　　Fuel Cell, ECS Transactions, **51**, pp.47-54（2013）

［14 章］

1 ）　更科功：若い読者に贈る美しい生物学講義，ダイヤモンド社（2019）

2 ）　福岡伸一：生物と無生物のあいだに，講談社現代新書，講談社（2007）

3 ）　リチャード・N・ハーディ（佐々木隆 訳）：温度と動物，朝倉書店（1980）

4 ）　ルース・ドフリース（小川敏子 訳）：食糧と人類，日本経済新聞出版社（2016）

5 ）　ポール・ロバーツ（神保哲生 訳）：食の終焉，ダイヤモンド社（2012）

6 ）　レスター・R・ブラウン（今村奈良臣 訳）：食糧破局，ダイヤモンド社（1996）

7 ）　荏開津典生：「飢餓」と「飽食」，講談社（1994）

8 ）　農林水産省のホームページ：https://www.maff.go.jp/

9 ）　日本施設園芸協会 編：五訂版 施設園芸ハンドブック，日本施設園芸協会（2003）

10）　日本施設園芸協会 編：施設園芸・植物工場ハンドブック，農山漁村文化協会
　　　（2015）

11）　日本施設園芸協会・日本養液栽培研究会 共編：養液栽培のすべて―植物工場を
　　　支える基本技術―，誠文堂新光社（2012）

12）　古在豊樹：太陽光型植物工場―先進的植物工場のサステナブル・デザイン―，
　　　オーム社（2009）

13）　森康裕ほか：LED 植物工場の立ち上げ方・進め方，日刊工業新聞社（2013）

14）　澁澤栄：精密農業の研究構造と展望，農業情報研究，**12**, 4, pp.259-274
　　　（2003）

15）　P.G.H. Kamp ほか（中野明正ほか 訳）：コンピュータによる温室環境の制御
　　　―オランダの環境制御法に学ぶ―，誠文堂新光社（2004）

16）　山下直樹：スマート農業の実現に向けて，電気設備学会誌，**36**，10，pp.691-694（2016）

17）　食料白書編集委員会 編：食料白書—食料とエネルギー（地域からの自給戦略）—，農山漁村文化協会（2008）

18）　山川文子：暮らしの省エネ事典，工業調査会（2009）

19）　農林水産技術情報協会 編：エネルギー管理型農業生産システム開発調査，農林水産技術情報協会（2000）

20）　環境省のホームページ：https://www.env.go.jp/

21）　川村淳浩：農作物生産温室におけるエネルギー供給・二酸化炭素施肥システム関する研究—S温室における事例の紹介—，クリーンエネルギー，**15**，11，pp.35-41（2006）

22）　西園大実ほか：野菜の生産・流通における環境負荷のLCA的考察，群馬大学教育学部紀要（芸術・技術・体育・生活科学編），**42**，pp.145-157（2007）

23）　西崎邦夫：バイオ燃料の農業機械への利用，農業機械学会誌，**68**，2，pp.4-8（2006）

24）　塚本隆行ほか：バイオガストラクタの開発（第1報）—二燃料運転の出力，トルク，排ガス特性について—，農業食料工学会誌，**78**，5，pp.416-423（2016）

25）　川村淳浩ほか：農作物生産用温室におけるバイオマス燃焼の適用課題，高温学会誌，**33**，1，pp.14-20（2007）

26）　川村淳浩ほか：木質バイオマス固形燃料の製造と燃焼灰の利用に関する研究，スマートプロセス学会誌，**7**，2，pp.51-56（2018）

27）　矢嶋尊ほか：大型加温ハウスを用いたバイオコークスボイラーによるシステム検証，エネルギー・資源学会論文誌，**40**，5，pp.138-143（2019）

28）　花山勇一郎ほか：木質バイオマス発電所および燃焼ガス浄化設備の納入報告，タクマ技報，**28**，pp.40-46（2020）

［**15 章**］

1）　農林水産省ホームページ：農林水産業の6次産業化，https://www.maff.go.jp/j/shokusan/sanki/6jika.html

2）　農林水産省ホームページ：バイオマス・ニッポン総合戦略，https://www.maff.go.jp/j/shokusan/biomass/biojapan.html

3）　総務省ホームページ：バイオマスの利活用に関する政策評価＜評価結果及び勧告＞，https://www.soumu.go.jp/menu_news/s-news/39714.html

演習問題の解答例

1 章

　雪氷熱利用は，冬期に降り積もった雪や，冷たい外気によって凍結した氷や雪などを冷熱源として利用するエネルギーである。氷雪は，ある一定期間，保管できるので，冷熱源として冷気や溶けた冷水をビルの冷房や，農作物の冷蔵などに利用できる。また，雪氷備蓄には，保管設備型もあれば土中蓄熱方式も開発されており，人工的なものや自然な地質を利用した再生可能エネルギーが利用されている。例えば北海道のモエレ沼公園では，雪・風・太陽熱を利用した空調システムが稼働している。また，北海道神宮では駐車場の真下にパイプを埋め込んで温熱を備蓄し，冬期の駐車場の雪を融雪する熱エネルギーとして利用するなど，エネルギーの地産地消に取り組んでいる。

2 章

- 「ナノファイバーによる素材の高機能化」：本研究は，化学吸着が可能なポリマーナノファイバーを作製し，有害化学物質の吸着特性をもつ素材を開発する。
- 「海中におけるエネルギーの効率的伝送」：本研究は，磁界共鳴方式により複数コイルにエネルギーを伝播させることで，海中において数メートル離隔した相手に非接触で電力伝送する方式を開発する。
- 「野外における自立したエネルギー創製を可能とする基礎技術」：本研究は，多種多様な有機物への適用を念頭にした可搬式の超小型バイオマスガス化発電システムを開発する。

などが挙げられる。

　技術者の社会的責任は，「科学者・技術者は，自らの研究成果が悪用される可能性をつねに意識し，教育，研究・開発，公共の場で研究成果・情報を分かち合い，社会に還元するとともに，意図的または無知・無視に起因する科学・技術の悪用を防ぐように努める。また，人類の福祉と社会の安全に反する結果に至る行為を拒否し，社会および環境が不当な危険にさらされる状況に対し，責任ある態度を取る」（2012年日本学術会議「科学・技術のデュアルユース問題に関する検討報告」から抜粋）

3 章

風車翼 1 枚の角速度　　：$\omega = \dfrac{2\pi N}{60} = \dfrac{2\pi \times 15}{60} \cong 1.57\,\mathrm{rad/s}$

風車翼先端の速度　　：$V = \dfrac{\omega\pi D}{2\pi} = \dfrac{1.57 \times \pi \times 220}{2\pi} \cong 172.7\,\mathrm{m/s} \cong 621.7\,\mathrm{km/h}$

風車翼が横切る時間間隔：

角速度は $1.57\,\mathrm{rad/s}$ であるから，1 枚の翼が 1 回転するのに要する時間は $2\pi/1.57 = 4$ 秒となる。3 枚翼だと $4/3 \cong 1.33$ 秒となり，1.33 秒ごとに $621.7\,\mathrm{km/h}$ の風車翼が通過するので，鳥が風車を避けるのは至難の技である。

4 章

元の風車の直径を D_1，出力を 2 倍にした風車の直径を D_2 とする。

出力とローター直径の関係は $P \propto D^2$ であるから

ローター直径比：$\dfrac{D_2}{D_1} = \sqrt{\dfrac{P_2}{P_1}} = \sqrt{2} \cong 1.4$ 倍

重量とローター直径の関係は $W \propto D^3$ であるから

風車重量比　　：$\dfrac{W_2}{W_1} = \left(\dfrac{D_2}{D_1}\right)^3 = 1.4^3 \cong 2.7$ 倍

風車コストとローター直径の関係は $W \propto D^{3/2}$ であるから

風車重量比　　：$\dfrac{\mathrm{cost}\,2}{\mathrm{cost}\,1} = \left(\dfrac{D_2}{D_1}\right)^{3/2} = 1.4^{3/2} \cong 1.7$ 倍

5 章

条件設定で温度勾配を数式で表すと，物質が置かれている空間は（＋）dT/dx（温度勾配）と書かれ，（＋）が隠れている。物質には，この勾配の反対方向への力が作用するので，$-dT/dx$ とマイナス（－）を付加して書き表す。したがって，dT/dx はその物体に働く力の大きさの度合いを，マイナス（－）は空間の温度勾配の反対方向に作用する力の方向を示す。例えば，滑り台を考えると，滑り台の方向と逆の方向に滑ることになり，その速度は滑り台の傾きに比例する。

　さらに，分子の重さの異なる物質 A（高分子）＞物質 B（低分子）を混合し，ある温度（濃度）勾配下に置くと，一般的には熱拡散現象により物質 A が低温（低濃度）側に，物質 B が高温（高濃度）側に移動する。この現象は，Ludwig-Soret（ルードビッヒ-ソレー）効果による物質移動として理解できる。「混合流体において，安定な温度勾配を形成すると、安定な濃度勾配が形成される効果」や「濃度勾配により誘起される物質の拡散と、温度勾配により誘起される物質の拡散が競合し、混合し

た成分の分布が分子量に応じて不均一となる現象」として説明される。

例えば，カップに入った熱いコーヒーに砂糖を入れてよく混ぜると，砂糖はコーヒー全体に均質に拡散する。このカップを底から冷やすと，液面の上（温度の高いところ）からコップの底（温度の低いところ）に温度勾配が形成され，砂糖の濃度勾配がコップの中に生じることになる。すなわち，コップの底側の砂糖濃度が高くなる。

6 章

自動運転と自動車損害賠償保障法では，「民法の特別法である自賠法は，運行供用者（自動車所有者等）に，事実上の無過失責任を負担させている（免責3要件を立証しなければ責任を負う）」としている。

社会受容性に関わる論点を抽出すると，① 過疎地・高齢者の交通手段として期待される端末交通システムであるラストマイル，② 流通業界の人手不足解消，移動効率の向上が期待される高速道路でのトラックの隊列走行について，また，自動走行に影響を与える車外の要因として，③ 自家用，事業用に共通のサイバーセキュリティ，ソフトウェアのアップデートに関わる課題が整理できる。

自動走行の社会受容性の醸成に向けた基本的な考え方・方針「社会からの要請に応え，開発を促進し早期の導入・普及を図ること」，「万一の事故の場合には迅速な被害者救済を第一とする」，「原因究明を通じ，製品安全の向上と一層の技術革新を促す」ことを，法律・制度，法律・制度，仕組みの論点を整理し，現行法との関連づけ，早急に対処する必要がある。

【参考文献】平成29年度 経済産業省・国土交通省委託事業「高度な自動走行システムの社会実装に向けた研究開発・実証事業」≪自動 走行の民事上の責任 及び社会受容性に関する研究≫報告書

7 章

事故発生要因は，おもに腐食疲労などによる劣化，操作確認不十分，維持管理不十分がある。 人為的な事故は，人的管理の強靭化で防災するしかないが，素材の劣化は，その原因究明が必要である。具体的な事例から腐食劣化では，配管がタンク埋設後，約30年が経過し，地下水の影響を受けて腐食したことが要因となっている。また，疲労劣化では，ベルトコンベアのリターンローラー（金属製）の長期間使用（5年以上），およびコンベアの振動などによりローラーのベアリングが破損し，これにより異常振動が発生して，ベアリング周囲を密封していたグリスが外部に漏れてベアリング周囲のローラーが摩擦熱により温度上昇を起こし，石炭が過熱され石炭の発熱温度に達し，発煙，発火してコンベアのゴムベルトに着火，延焼したことが要因とされた。

8 章

　動物の寿命や成長に要する時間は，体重の1/4乗（体長3/4乗）に比例する。このことは，『ゾウの時間　ネズミの時間』（中公新書）で解説されている。

　熱放射エネルギーは，表面温度の4乗に比例する。このことは，伝熱工学における黒体がその表面の単位面積当りの単位時間に出す熱放射エネルギー E は，黒体表面の絶対温度 T の4乗に比例するというシュテファン–ボルツマン（Stefan-Boltzmann）の法則で表すことができる。

　このように，自然界には，さまざまな規則が存在しており，特に，べき関数で支配される現象は，支配方程式を解くことはもちろん，周波数解析や対数グラフによるデータ解析などで求めることができる。

9 章

　医療・医学研究における生命倫理の基本的原則として，① 人に対する敬意，② 無危害，③ 慈恵，④ 正義が掲げられる。
- ①　人に対して敬意をもって対応することを求める。
- ②　医療においては患者，医学研究においては被験者に対して，危害を加えないことを求める。
- ③　患者・被験者の最善の利益を図ること，さらに医学研究においては，将来の患者のために医学の発展を追求することを求める。
- ④　人に対して公正な処遇を与えることを求める。

　これによって，医療という利益あるいは医学研究の被験者となる負担を公平に配分することが要求される。

10 章

　アリ類に擬態する現象がクモ類の「喰い分け」や「すみわけ」を生み出している可能性が明らかになりつつある。アリ擬態現象は，熱帯でのアリ類の高い多様性を鋳型とした多様性を促進する仕組みだけでなく，アリグモ類の多様性を維持する多種共存の仕組み，および非擬態クモ類との共存にも間接的な効果を及ぼす仕組みになっていることが明らかになりつつある。特に，熱熱帯生態系では，間接・直接効果を含めた，異質な生物間関係がより深く複雑になり，これによって多種共存や共進化が加速して，その高い生物多様性が創出・維持されてきたと考えられている。

11 章

　光合成によりセルロース単位重量当りに吸収（固定化）される二酸化炭素量は
$$264\,\mathrm{g} \div 180\,\mathrm{g} = 1.47\,[\mathrm{g/g}]$$
となる。したがって，1年間に森林で吸収（固定化）できる二酸化炭素量は

　　　$1.47\,\mathrm{g/g} \times 10\,$トン$/\mathrm{ha}/$年 $\times 3780\,$万$\,\mathrm{ha} \times 0.68 = 3$万$7784.88$万トン$/$年
が求まる。

　この炭素固定量は，$20 \sim 30$年ものの森林が二酸化炭素を吸収（固定化）する量
で，それより幼い樹や老齢樹では，約10トン未満の固定量であったり，飽和してほ
とんど固定化しないので，定期的な伐採が必要となる。

12 章

　食事後の皿に付着したカレールーの片付けには，大まかに2手法あるようである。
① 洗剤で洗い流す。② ティッシュなどで拭き取ってごみ箱に捨てる。この2つの
手法のエネルギー化過程を考察する。

　　① 　配管を通じて，下水処理場に誘導 ⇒ メタン発酵処理 ⇒ メタンガス化 ⇒ ガ
　　　　ス分離（メタンガスと二酸化炭素の混合ガス）⇒ ガス燃焼 ⇒ 熱エネルギー ⇒
　　　　発電および熱水利用
　　② 　ごみ箱 ⇒ ごみ収集によって清掃工場 ⇒ 固体燃焼処理 ⇒ 熱エネルギー
　　　　⇒ 発電および熱水利用

　このように廃棄物からのエネルギー化は，重要な技術開発であるが，廃棄物の規
模が小さいので発電効率が低かったり，熱水利用において温水プールなどの需要が
少なかったり，経済的な負担が多く，決め手に欠いている状態である。特に，熱水
の有効利用は，生活におけるエネルギー化の最大の関門である。

13 章

　EOR は，自噴しなくなった油田に二酸化炭素を圧入することで原油を回収しなが
ら液化二酸化炭素を地中へ貯留する手法である。自噴しなくなった油田に残留して
いる原油は，粘性が高いために，流動することなく岩石や地層間に貯留している。
これまでは，海水などを圧入することで物理的に回収していたが，回収後に海水と
原油を分離する際に多くのエネルギーを消費するため費用体効果が悪いのと，化石
資源を消化するためメリットを見出せていないのが現状である。しかし，二酸化炭
素に代えると，分離処理が不要となり，圧入する二酸化炭素を超臨界状態にして，
液体としての溶解性と気体としての拡散性の両方の性質があるので，細い管でも損
失が少なく地中深くまで圧入することができる。また，岩盤などのすきまに入り込
むことで原油の回収率も向上する。しかし，二酸化炭素以外の不純物が混入すると
ポンプの材料が腐食するので，設備コスト高と精密な運転管理が必要となる。

14 章

　加温ハウスが温度維持のために必要な1時間当りの熱量は

　　$Q_0 = MC_p\Delta T = (50 \times 20 \times 3 \times 1.29) \times 1.005 \times 5 = 19\,447\,\mathrm{kJ/h}$

と求まる。連続 150 日間の 10 時間運転なので

$$Q_1 = 19\,447 \times 150 \times 10 = 29\,170.50 \text{ MJ}$$

の総熱量が必要となり,灯油ボイラーで熱量換算すると

$$W = 29\,170.50 \,/\, 36.49 \,/\, 0.90 = 888.23 \text{ L}$$

の灯油を燃焼することになる。

　　したがって,この間に排気される二酸化炭素総量は

$$C = 888.23 \times 2.49 = 2\,211.69 \text{ kg}$$

となる。

　　例えば,加温ハウスでの作物栽培に必要なエネルギーは,トマトでは,温度管理ための熱エネルギーが全体の約 95.1% を占めており,きゅうりの場合は約 97.1% など,旬でない作物を加温ハウスで付加価値をつけて販売することは,このように加温のための熱エネルギーが必要であり,化石エネルギーから再生可能エネルギーへの転換が求められる。

索　　　引

―― 著 者 略 歴 ――

井田　民男（いだ　たみお）
1983 年　大阪府立工業高等専門学校機械工学科卒業
1985 年　豊橋技術科学大学工学部エネルギー工学課程卒業
1987 年　豊橋技術科学大学大学院修士課程修了（エネルギー工学専攻）
1989 年　近畿大学熊野工業高等専門学校助手
1995 年　博士（工学）（豊橋技術科学大学）
2000 年　近畿大学講師
2008 年　近畿大学准教授
2014 年　近畿大学教授
　　　　近畿大学バイオコークス研究所所長
　　　　現在に至る

川村　淳浩（かわむら　あつひろ）
1984 年　釧路工業高等専門学校機械工学科卒業
1986 年　豊橋技術科学大学工学部エネルギー工学課程卒業
1988 年　豊橋技術科学大学大学院工学研究科修士課程修了（エネルギー工学専攻）
1988 年　ネポン株式会社技術本部勤務
2006 年　東京農工大学大学院博士後期課程（社会人特別選抜枠）修了（生物システム応用科
　　　　学専攻）
　　　　博士（工学）
2007 年　独立行政法人交通安全環境研究所研究職員
2009 年　技術士（機械部門）
2010 年　釧路工業高等専門学校准教授
2014 年　釧路工業高等専門学校教授
　　　　現在に至る

杉浦　公彦（すぎうら　きみひこ）
1985 年　大阪府立工業高等専門学校機械工学科卒業
1987 年　豊橋技術科学大学工学部エネルギー工学課程卒業
1989 年　豊橋技術科学大学大学院修士課程修了（エネルギー工学専攻）
1989 年　株式会社鴻池組中央研究所研究員
　　　　三洋電機株式会社機能材料研究所研究員
1992 年　大阪府立工業高等専門学校講師
1999 年　通商産業省工業技術院大阪工業技術研究所客員研究員
2000 年　大阪府立工業高等専門学校助教授
　　　　博士（工学）（豊橋技術科学大学）
2007 年　独立行政法人産業技術総合研究所客員研究員
2008 年　大阪府立工業高等専門学校教授
2011 年　大阪府立大学工業高等専門学校教授（校名変更）
　　　　現在に至る

環境と社会 ── 人類が自然と共生していくために ──
Enviroment and Society ── Developing a Symbiotic Relationship with Nature ──

© Ida, Kawamura, Sugiura 2022

2022年4月28日 初版第1刷発行 ★

検印省略	著 者	井 田 民 男
		川 村 淳 浩
		杉 浦 公 彦
	発 行 者	株式会社 コ ロ ナ 社
	代 表 者	牛 来 真 也
	印 刷 所	壮光舎印刷株式会社
	製 本 所	株式会社 グ リ ー ン

112-0011 東京都文京区千石4-46-10
発 行 所 株式会社 コ ロ ナ 社
CORONA PUBLISHING CO., LTD.
Tokyo Japan
振替00140-8-14844・電話(03)3941-3131(代)
ホームページ https://www.coronasha.co.jp

ISBN 978-4-339-06660-9 C3040 Printed in Japan (柏原)

JCOPY <出版者著作権管理機構 委託出版物>
本書の無断複製は著作権法上での例外を除き禁じられています。複製される場合は、そのつど事前に、出版者著作権管理機構（電話 03-5244-5088, FAX 03-5244-5089, e-mail: info@jcopy.or.jp）の許諾を得てください。

本書のコピー, スキャン, デジタル化等の無断複製・転載は著作権法上での例外を除き禁じられています。購入者以外の第三者による本書の電子データ化及び電子書籍化は, いかなる場合も認めていません。落丁・乱丁はお取替えいたします。

エコトピア科学シリーズ

■名古屋大学未来材料・システム研究所 編（各巻A5判）

シリーズ 21世紀のエネルギー

■日本エネルギー学会編　　　　　　（各巻A5判）

定価は本体価格＋税です。
定価は変更されることがありますのでご了承下さい。

図書目録進呈◆

技術英語・学術論文書き方，プレゼンテーション関連書籍

プレゼン基本の基本　−心理学者が提案するプレゼンリテラシー−
下野孝一・吉田竜彦 共著／A5／128頁／本体1,800円／並製

まちがいだらけの文書から卒業しよう　工学系卒論の書き方
−基本はここだ！−
別府俊幸・渡辺賢治 共著／A5／200頁／本体2,600円／並製

理工系の技術文書作成ガイド
白井　宏 著／A5／136頁／本体1,700円／並製

ネイティブスピーカーも納得する技術英語表現
福岡俊道・Matthew Rooks 共著／A5／240頁／本体3,100円／並製

科学英語の書き方とプレゼンテーション（増補）
日本機械学会 編／石田幸男 編著／A5／208頁／本体2,300円／並製

続 科学英語の書き方とプレゼンテーション
−スライド・スピーチ・メールの実際−
日本機械学会 編／石田幸男 編著／A5／176頁／本体2,200円／並製

マスターしておきたい　技術英語の基本−決定版−
Richard Cowell・佘　錦華 共著／A5／220頁／本体2,500円／並製

いざ国際舞台へ！　理工系英語論文と口頭発表の実際
富山真知子・富山　健 共著／A5／176頁／本体2,200円／並製

科学技術英語論文の徹底添削　−ライティングレベルに対応した添削指導−
絹川麻理・塚本真也 共著／A5／200頁／本体2,400円／並製

技術レポート作成と発表の基礎技法（改訂版）
野中謙一郎・渡邉力夫・島野健仁郎・京相雅樹・白木尚人 共著
A5／166頁／本体2,000円／並製

知的な科学・技術文章の書き方　−実験リポート作成から学術論文構築まで−
中島利勝・塚本真也 共著
A5／244頁／本体1,900円／並製
日本工学教育協会賞（著作賞）受賞

知的な科学・技術文章の徹底演習
塚本真也 著
工学教育賞（日本工学教育協会）受賞
A5／206頁／本体1,800円／並製

定価は本体価格+税です。
定価は変更されることがありますのでご了承下さい。

図書目録進呈◆